国家重点研发计划项目(2019YFE0118500)资助
国家自然科学基金项目(52104107、51734009、51674250)资助
江苏省自然科学基金青年基金项目(BK20200634)资助
徐州市高价值专利培育示范中心项目(XZ-HVP-2022-02)资助
中央高校基本科研业务费专项项目(2021GJZPY05、2020ZDPY0218)资助
江苏省老工业基地资源利用与生态修复协同创新中心专项经费资助

高应力沿空巷道三维锚索支护理论与技术

马占国　肖亚宁　解鹏雁　倪　亮　龚　鹏　著

中国矿业大学出版社
·徐州·

内 容 提 要

本书根据沿空巷道围岩运移特征,提出了新型三维锚索支护技术,通过具有强初锚力三维锚索的作用,使围岩处于三向受压状态,提高了围岩的整体性,控制了巷道围岩的变形。本书综合运用实验室试验、理论分析、数值模拟、相似试验和现场监测等手段,系统研究了深部地下工程三维支护空间结构、协同让压机制、支护参数设计、围岩变形规律等问题,相关研究成果可为深部地下工程冲击及大变形灾害防控提供理论支撑和技术借鉴。

本书可供采矿工程、环境工程、地质工程、安全工程以及工程力学等专业的研究生和本科生使用。

图书在版编目(CIP)数据

高应力沿空巷道三维锚索支护理论与技术 / 马占国
等著. —徐州 : 中国矿业大学出版社,2022.3
ISBN 978 - 7 - 5646 - 5100 - 8

Ⅰ. ①高… Ⅱ. ①马… Ⅲ. ①沿空巷道－锚杆支护－
研究 Ⅳ. ①TD353

中国版本图书馆 CIP 数据核字(2021)第 163209 号

书　　名	高应力沿空巷道三维锚索支护理论与技术
著　　者	马占国　肖亚宁　解鹏雁　倪　亮　龚　鹏
责任编辑	吴学兵
出版发行	中国矿业大学出版社有限责任公司
	(江苏省徐州市解放南路　邮编221008)
营销热线	(0516)83885370　83884103
出版服务	(0516)83995789　83884920
网　　址	http://www.cumtp.com　E-mail:cumtpvip@cumtp.com
印　　刷	江苏凤凰数码印务有限公司
开　　本	787 mm×1092 mm　1/16　印张 14.25　字数 279 千字
版次印次	2022 年 3 月第 1 版　2022 年 3 月第 1 次印刷
定　　价	64.00 元

(图书出现印装质量问题,本社负责调换)

前　言

众所周知,煤炭是我国三大主要能源之一,其在我国一次性能源消费结构中所占比例一直较高。相关研究表明,这种现状仍将持续到2030年。如何实现煤炭高效集约化生产,提高煤炭采出率,是当今世界煤炭工业发展的热点问题,对我国煤炭工业的发展具有重要的现实意义。

我国采煤工作面的年推进总长度达到几百万米,而传统的设计方法通常是在相邻工作面之间留设20～30 m的保护煤柱,由此造成的煤炭资源损失极大。据统计,传统综放采煤工作面的煤炭损失量占采区煤炭总损失量的61%,仅区段煤柱的损失量就占到36.7%,且随区段煤柱宽度的增大而增大。

为了减小煤炭损失量,从20世纪50年代开始,国内外学者就进行了大量无煤柱护巷技术试验,系统地研究了无煤柱护巷的矿山压力显现规律,取得了丰富的成果。该技术主要包括沿空留巷和沿空掘巷两种技术。随着无煤柱护巷技术的快速发展,沿空留巷、沿空掘巷布置回采巷道技术逐渐成为各矿提高资源回收率、延长矿井服务年限的新思路和有效途径。但是,采用沿空掘巷布置回采巷道技术将使巷道围岩在矿山压力的作用下产生严重的塑性变形,尤其是综采放顶煤工作面,基本顶岩层旋转下沉量大,巷道变形破坏严重。加之受本工作面回采动压影响,基本顶岩层活动更加剧烈,综放沿空掘巷围岩控制相当困难。如果采取的支护技术不能有效地控制巷道变形,最终将影响工作面的运输、通风、行人及管路系统,严重威胁采区的正常生产和人员安全。同时,大范围的翻修巷道不仅打乱了正常的生产秩序,给矿井综采工作面生产接续带来了巨大压力,而且还造成了大量的重复投入,增加生产成本。为此,寻求一种行之有效的支护方法来解决动压沿空巷道围岩控制难题具有重要意义。

多年来,煤炭科技工作者从巷道支护理论、支护方法以及支护参数等方面对沿空巷道围岩控制难题进行了不懈的探索,取得了一大批理论成果和实用技术。但是这些研究主要集中在对沿空巷道煤柱合理宽度和巷道围岩稳定性等方面的分析,巷道采用的支护技术以普通锚网索支护为主,支护效果并不理想。

基于此,本书提出了沿空巷道三维锚索支护技术,综合采用理论分析、数值模拟、物理试验、工业性试验等方法,围绕沿空巷道三维锚索支护机理及应用问题展开了系统研究,主要内容包括:潞安矿区煤岩物理力学性质及煤巷钻孔卸压试验研究;三维锚索支护理论研究;沿空巷道三维锚索支护围岩应力分布规律研究；沿空巷道三维锚索支护围岩变形规律研究；沿空巷道三维锚索支护围岩稳定性控制分析；沿空巷道三维锚索支护实践等。相关成果对解决现有综放开采沿空掘巷系统中巷道变形严重、围岩破碎、维护困难等技术难题，有着重要的实用价值和显著的经济效益及社会效益，是沿空巷道围岩控制技术的有益尝试。

本书研究过程中，得到了中国矿业大学茅献彪教授、白海波教授、高峰教授、陈占清教授、王连国教授、浦海教授、周跃进教授、赵玉成教授、刘卫群教授、王建国教授、张凯教授、吴宇副教授的指导和帮助；潘银光、兰天、朱发浩、龚鹏、耿敏敏等参与了本书的试验研究工作；成世兴、王拓、戚福周、李宁、胡俊、张敏超、陈永珩、徐磊等研究生参与了本书的相关数据处理和文字校对等工作。

感谢书中引用文献的作者。本书参阅文献较多，如有遗漏，敬请谅解，在此一并表示感谢。

本书得到了如下项目的资助：国家重点研发计划项目（2019YFE0118500）、国家自然科学基金项目（52104107、51734009、51674250）、江苏省自然科学基金青年基金项目（BK20200634）、徐州市高价值专利培育示范中心项目（X2-HVP-2022-02）、中央高校基本科研业务费专项项目、江苏省老工业基地资源利用与生态修复协同创新中心专项经费。

本书相关的基础理论与应用技术研究涉及众多学科，有许多理论和实践问题仍有待深入研究，由于作者水平所限，书中难免有不妥之处，敬请广大同行专家和读者批评指正。

著 者

2022 年 3 月

目　录

1　绪论 ……………………………………………………………… 1
　1.1　研究目的及意义 …………………………………………… 1
　1.2　国内外研究现状 …………………………………………… 2
　1.3　研究内容与技术路线 …………………………………… 10
　1.4　研究的重点及难点 ……………………………………… 12
　1.5　预期创新性成果 ………………………………………… 12

2　煤岩物理力学性质研究 …………………………………… 13
　2.1　地质条件 ………………………………………………… 13
　2.2　岩石基本力学特性 ……………………………………… 13
　2.3　岩石全应力-应变曲线 ………………………………… 16
　2.4　煤巷钻孔卸压效果的物理试验 ………………………… 28
　2.5　本章小结 ………………………………………………… 32

3　三维锚索支护理论 ………………………………………… 33
　3.1　三维锚索支护原理 ……………………………………… 33
　3.2　一般柱形壳的基本方程 ………………………………… 36
　3.3　闭合圆柱壳理论 ………………………………………… 41
　3.4　开口圆柱壳理论 ………………………………………… 46
　3.5　加劲开口圆柱壳理论 …………………………………… 48
　3.6　新型三维锚索支护围岩变形算例分析 ………………… 57
　3.7　本章小结 ………………………………………………… 58

4　沿空巷道三维锚索支护围岩应力分布规律 ……………… 59
　4.1　数值计算模型 …………………………………………… 59
　4.2　断面尺寸对巷道围岩应力分布影响分析 ……………… 64
　4.3　不同锚索预紧力对围岩作用结果分析 ………………… 103
　4.4　钻孔卸压巷道围岩应力分布规律 ……………………… 106
　4.5　不同采深下三维支护沿空巷道围岩应力分布规律 …… 116

4.6 三维支护锚杆、锚索受力分析 …………………………… 120

4.7 本章小结 …………………………………………………… 122

5 沿空巷道三维锚索支护围岩变形规律 ……………………… 124

5.1 断面尺寸对巷道围岩变形规律影响分析 ………………… 124

5.2 新型三维支护与普通支护巷道围岩变形规律 …………… 160

5.3 钻孔卸压巷道围岩变形规律 ……………………………… 162

5.4 不同采深下三维支护沿空巷道围岩变形规律 …………… 165

5.5 本章小结 …………………………………………………… 168

6 沿空巷道三维锚索支护围岩稳定性控制分析 ……………… 170

6.1 三维锚索支护模型 ………………………………………… 170

6.2 三维锚索支护围岩应力分布特征 ………………………… 179

6.3 三维锚索支护围岩变形特征 ……………………………… 184

6.4 本章小结 …………………………………………………… 189

7 沿空巷道三维锚索支护实践 ………………………………… 191

7.1 采矿地质条件 ……………………………………………… 191

7.2 三维锚索支护设计 ………………………………………… 191

7.3 新型三维支护方案的实施 ………………………………… 194

7.4 围岩变形规律实测研究 …………………………………… 199

7.5 本章小结 …………………………………………………… 201

8 结论与展望 …………………………………………………… 203

8.1 主要结论 …………………………………………………… 203

8.2 展望 ………………………………………………………… 205

参考文献 ………………………………………………………… 206

1　绪　　论

　　沿空巷道围岩变形控制是煤矿企业安全高效生产面临的主要难题之一。本章主要论述了沿空巷道围岩变形特征及支护技术研究的必要性,阐述了国内外学者在沿空巷道上覆岩层破断特征、活动规律以及护巷煤柱稳定性等方面的研究成果,归纳了国内外学者提出的各种沿空巷道围岩控制及巷道支护理论,总结了已解决的问题及研究中存在的主要不足。针对沿空巷道围岩控制技术中存在的问题,确定了本书的主要研究内容、技术路线、研究的重点和难点及预期创新性成果。

1.1　研究目的及意义

　　众所周知,煤炭是我国三大主要能源之一,其在我国一次性能源消费结构中所占比例一直较高。相关研究表明,这种现状仍将持续到 2030 年[1-2]。如何实现煤炭高效集约化生产,提高煤炭采出率,是当今世界煤炭工业发展的热点问题,对我国煤炭工业的发展具有重要的现实意义。

　　我国采煤工作面的年推进总长度达到几百万米,而传统的设计方法通常是在相邻工作面之间留设 20～30 m 的保护煤柱,由此造成的煤炭资源损失极大。据统计,传统综放采煤工作面的煤炭损失量占采区煤炭总损失量的 61%,仅区段煤柱的损失量就占到 36.7%,且随区段煤柱宽度的增大而增大[3-4]。

　　为了减小煤炭损失量,从 20 世纪 50 年代开始,国内外学者进行了大量无煤柱护巷技术试验,系统地研究了无煤柱护巷的矿山压力显现规律,取得了丰富的成果[5-12]。该技术主要包括沿空留巷和沿空掘巷两种技术。随着无煤柱护巷技术的快速发展,沿空留巷、沿空掘巷布置回采巷道技术逐渐成为各矿提高资源回收率、延长矿井服务年限的新思路和有效途径。但是,采用沿空掘巷布置回采巷道技术,巷道围岩在矿山压力的作用下,将产生严重的塑性变形,尤其是综采放顶煤工作面,基本顶岩层旋转下沉量大,巷道变形破坏严重。加之受本工作面回采动压影响,基本顶岩层活动更加剧烈,综放沿空掘巷围岩控制相当困难。如果采取的支护技术不能有效地控制巷道变形,最终将影响工作面的运输、通风、行人及管路系统,严重威胁采区的正常生产和人员安全。同时,大范围的翻修巷道不仅打乱了正常的生产秩序,给矿井综采工作面生产接续带来了巨大压力,而且还造成了大量的重复投入,增加了生产成本。为此,寻求一种行之有效的支护方法解决动压沿空巷道围岩控制难题具有重要意义。

多年来,煤炭科技工作者从巷道支护理论、支护方法以及支护参数等方面对沿空巷道围岩控制难题进行了不懈的探索,取得了一大批理论成果和实用技术[13-22]。但是这些研究主要集中在对沿空巷道煤柱合理宽度和巷道围岩稳定性等方面的分析,巷道采用的支护技术以普通锚网索支护为主,支护效果并不理想。

沿空巷道三维锚索支护机理及应用研究对解决现有综放开采沿空掘巷系统中巷道变形严重、围岩破碎、维护困难等技术难题,有着重要的实用价值和显著的经济效益及社会效益,是沿空巷道围岩控制技术的有益尝试。

1.2　国内外研究现状

沿空掘巷是指沿采空区边缘或与采空区之间留设一定宽度的煤柱布置巷道[4,23]。当相邻采空区岩层活动相对停止时,其回采期间引起的应力重新分布已趋于稳定,使沿空巷道处于应力降低区内,利于巷道的维护。由于该技术具有提高煤炭采出率、改善巷道维护状况等优点,在国内外煤炭行业得到了广泛的推广和应用。

1.2.1　沿空掘巷上覆岩层活动规律研究概况

沿空掘巷上覆岩层的活动情况,一方面与上区段和本区段工作面回采时上覆岩层的破断特征、活动规律紧密相关,另一方面又有其自身的特点和规律。国内外学者对采场上覆岩层破断特征和活动规律开展了大量的研究[24-52],并针对采场矿压显现的解释与控制提出了多种假说和理论,代表性的有压力拱假说、悬臂梁假说、预成裂隙假说、铰接岩块假说、砌体梁理论、传递岩梁假说等[25-29,40-44]。

姜福兴等[41]在岩体三维空间破裂的监测成果及多种边界条件下工作面岩层运动和应力分布观测结果的基础上,总结出长壁采场覆岩空间结构的概念,并将覆岩空间结构划分为4种类型,即θ型、O型、S型和C型。

侯朝炯、李学华[42,44]提出了综放沿空掘巷围岩大、小结构的稳定性原理,分析了基本顶中关键块在掘巷与回采期间的受力特点、稳定情况以及对其下的沿空掘巷的影响,研究了提高锚杆预紧力和支护强度对保持围岩大、小结构稳定的意义。

柏建彪[23,43]在分析沿空掘巷整体力学环境的基础上对沿空掘巷工作面端头基本顶弧形三角块的稳定性条件做了理论分析,得到了掘巷前、后及工作面回采时沿空掘巷上覆岩层的活动规律。

高峰等[47]建立了基本顶给定变形条件下直接顶的力学模型,运用能量变分方法对该模型进行了初步求解,分别探讨了顶板下沉量、支架工作阻力、直接顶高度、直接顶弹性模量及基本顶回转角之间的耦合关系。

总结已有的研究成果后不难发现,沿空巷道周边围岩的应力分布、变形特征及其稳定性直接影响基本顶岩层的稳定状况和活动规律。因此,有必要深入研究新的支护技术,以控制上覆岩层的破断位置来有效地避开支承压力峰值对沿空巷道的影响。

1.2.2　沿空掘巷护巷煤柱研究概况

沿空掘巷从 20 世纪 50 年代开始研究和应用,国内外许多学者对煤柱的宽度和稳定性做了大量的研究工作[53-65],但对煤柱的合理宽度一直没有统一的认识,其结论差别较大,煤柱宽度从 1~5 m 的小煤柱到 20~30 m 的大煤柱都有采用。

英国、美国和苏联学者对护巷煤柱做了很多研究,提出了基于极限强度理论的"刚性"煤柱设计法和依据渐进破坏理论的"屈服"煤柱设计法。

（1）煤柱强度理论研究

关于煤柱强度的计算,世界各主要采煤国家均进行了大量的室内和原位试验[66-85],在试验研究和实例调查的基础上,结合理论分析、数值计算,提出了多种煤柱强度计算理论和公式,主要包括:

① Gaddy 等首次把实验室确定的煤岩试块强度应用于煤柱强度计算,提出了 Hollad-Gaddy 公式[66]。

② Obert-Dwvall/Wang 根据硬岩弹性力学理论提出了适用于煤柱高宽比为 1~8 的 Obert-Dwvall/Wang 公式[67]。

③ 格罗布拉尔提出了用于长条煤柱的破坏包络面计算公式,把煤柱核区强度与实际应力联系在一起,确定了核区内不同位置的强度,并称之为核区强度不等理论[68-70]。

④ 白矛等[71]根据条带开采特点将某个条带采煤工作面简化为受边界力作用的无限大板中一个很扁的椭圆形孔口的力学模型,利用复变函数法,推导出了条带煤柱的垂直采动应力和塑性区宽度的表达式及煤柱宽度和开采宽度的理论计算公式。

⑤ 侯朝炯、吴立新等基于 Allamif 理论发展和完善了极限平衡理论[81-83],以松散介质应力平衡理论为基础,得到了煤层界面应力以及煤体的应力极限平衡

区宽度,分析了影响界面应力及平衡区宽度的各种因素。此外,李德海、李东升、宋长胜[84-85]以弹塑性力学为基础,结合应力平衡微分方程和库仑准则求出了保留条带煤柱的应力极限平衡区宽度及其理论公式,对条带煤柱设计中极限平衡理论进行了修正。

近年来国内外学者应用有限元对煤柱受力与屈服行为也做了不少有益的尝试,包括:建立了考虑材料硬化的弹塑性模型;考虑煤层界面效应引入了 Mohr-Coulomb 本构模型;采用理想弹塑性模型提出了 Coulomb-Mohr 流动函数;在考虑煤岩组成的复杂性和材料特征的变异性基础上建立了"单元材料弹性、单元变化随机"的唐氏模型[86-91]等。

(2)煤柱荷载理论研究

作为煤柱设计的关键步骤,正确估算煤柱所承受的载荷主要有以下几种理论。

① 有效区域理论[92]

该理论认为,煤柱承担的载荷不仅包括上覆岩层的重量,还包括煤柱一侧或两侧采空区悬露岩层的部分重量。若煤柱两侧均已采空,覆岩垮落高度为 h,且开采深度 H 与采空区宽度 L 满足 $H > L \cot \delta / 2$ 时,煤柱上的总载荷为:

$$P = \left[(B+L)H - \frac{L^2 \cot \delta}{4} \right] \gamma \qquad (1-1)$$

式中 P——煤柱上总载荷,kN;

  B——留设煤柱宽度,m;

  δ——采出条带宽度,m;

  γ——覆岩的平均重度,kN/m³。

煤柱单位面积的载荷,即平均应力为:

$$\sigma = \frac{P}{B} = \frac{\left[(B+L)H - L^2 \cot \delta / 4 \right] \gamma}{B} \qquad (1-2)$$

该理论计算公式存在以平面问题代替空间问题,以均质的上覆岩层代替复杂的岩层赋存状况,以均布荷载代替煤柱上复杂的载荷分布,以及没有考虑煤柱受载的动态特性等缺点,只能在开掘面积较大、煤柱尺寸和间隔相同、分布均匀的情况下使用。

② 压力拱理论

压力拱理论认为,由于采空区上方形成压力拱,上覆岩层的载荷只有一少部分作用在直接顶上,其他部分的上覆岩层载荷会向两侧的煤柱转移。压力拱有内宽和外宽,如果采空区宽度大于压力拱的内宽时,则载荷会变得较为复杂,此时压力拱不稳定。即使采空区宽度小于压力拱的内宽,其稳定性也随时间的变化而变化。所以该理论在推导煤柱合理尺寸时,认为载荷的分布是复杂的而且有时间性。一般该理论仅限于在煤层、顶板、底板岩层正常的条件下使用。

③ 两区约束理论[93]

该理论认为,采空区顶板岩石垮落并压缩密实后,煤柱承担的载荷与采空区内各点顶、底板闭合量有关,煤柱内各点的垂直应力与距煤壁的距离成正比,当该距离达到 $0.3H$ 时,采空区内各点的垂直应力恢复至原始载荷 γH。由此假设,A. H. Wilson 给出了下面的煤柱载荷计算公式:

(a) 当两侧采空区宽度大于 $0.6H$ 时:

$$P = \gamma H(B + 0.3H)/B \qquad (1-3)$$

(b) 当两侧采空区宽度相等且小于 $0.6H$ 时:

$$P = \gamma(HB + HB_1 - B_1^2/1.2)/B \qquad (1-4)$$

式中 B_1——煤柱一侧开采宽度,m。

(3) 煤柱宽度及稳定性分析

澳大利亚 SCT 岩层控制技术公司通过数值计算认为一侧采空后煤体内的塑性区宽度达到 $5\sim8$ m,且在煤体侧距采空区 13 m 的岩层中存在裂隙,如果巷道位于该范围,受采动影响后不能保证巷道和煤柱安全使用,合理的煤柱宽度应大于 15 m。因而,澳大利亚一般不采用留窄煤柱沿空掘巷[94]。

顾士亮[95]针对软岩动压巷道的变形特征,利用现场测试、理论分析和数值计算的方法研究了采动影响时围岩塑性区、破碎区宽度及变形与采动支承压力的关系,分析了围岩岩性对巷道稳定性的影响,提出了深井巷道围岩控制的"内、外结构"稳定性原理。

王卫军、侯朝炯等[96]基于莫尔-库仑准则建立了基本顶给定变形下基本顶关键块参数及采空区侧煤体塑性区宽度的计算公式,在此基础上给出了基本顶给定变形下综放沿空掘巷合理定位的方法。

谭云亮、姜福兴等[97]在现场实测采动影响下巷道两帮破坏范围的基础上,对实测数据进行多元回归分析,给出了埋深大于 400 m 条件下受采动影响巷道两帮破坏范围与采动应力集中系数、埋深、岩体单向抗压强度以及服务时间的关系式。

刘增辉等[98-99]运用相似模拟理论建立了物理模型,研究了综放工作面逐渐向沿空巷道推进过程中,煤柱的屈服破坏情况和巷道围岩破坏、变形特征,从而确定出煤柱的合理尺寸。

张玉祥[100]提出了用智能决策系统和人工神经网络选择煤柱宽度的方法。

柏建彪、张玉国等[101-102]利用数值模拟计算分析,提出了高强度锚杆支护的小煤柱是组成沿空掘巷围岩承载结构的一个重要部分,并针对不同煤层条件研究了综放沿空掘巷围岩变形及小煤柱的稳定性与煤柱宽度、煤层力学性质及锚杆支护强度之间的关系,确定了相应的窄煤柱合理宽度。

崔希民、缪协兴[103]应用从属面积法应力分析原理,得出了倾斜煤层条带开采中煤柱应力表达式,证明了煤柱中的应力与煤层倾角和测压系数有关,留设煤柱破坏与否决定了上覆岩层移动及地表沉陷曲线的形态。

朱川曲、王卫军等[104]在分析综放沿空掘巷围岩稳定性影响因素的基础上构造了相应因素的隶属函数,应用灰色决策中的灰色统计方法及模糊数学理论建立了综放沿空掘巷围岩稳定性分类模型,为综放沿空掘巷支护方式、支护参数的合理选择等提供了依据。

高玮[105]在考虑煤体的塑性软化性质的基础上,利用极限平衡法分析了煤层倾角对煤柱稳定性的影响。

陈忠辉、谢和平[106]应用统计损伤力学建立了综放采场在给定变形条件下的支承压力损伤模型,讨论了影响支承压力的各类因素(如煤岩强度、顶煤和直接顶厚度、原岩应力的大小等)。

张嘉凡、石平五[107]根据郭家湾煤矿的实际情况,采用有限元仿真试验模拟方法,对煤柱群及顶板稳定性进行弹塑性分析,提出了弹性核的消失是煤柱丧失稳定性的标志,并指出合理的煤柱留设对采场的围岩变形控制起决定性作用,不适当地多留煤柱,不但降低了采出率,而且支撑着更大范围的上覆岩层悬而不垮,增加了大面积垮落灾变的可能性。

综合归纳已有的研究成果可知,煤柱合理尺寸确定的方法主要集中在:① 对大量实测结果的数理统计、回归分析得出不稳定围岩条件下护巷煤柱尺寸;② 运用留设各种煤柱经验公式对煤柱合理的尺寸进行分析;③ 用物理模拟的方法再现煤柱和巷道围岩的屈服破坏过程,给出煤层回采巷道的合理煤柱宽度范围;④ 用数值模拟软件对煤柱护巷的围岩变形进行计算分析,确定煤柱合理的尺寸;⑤ 根据岩体的极限平衡理论,推导出护巷煤柱保持稳定状态时的宽度计算公式;⑥ 借助各种数学模型或力学模型估算出三维应力状态下煤柱合理的尺寸[108-109]。

1.2.3 沿空掘巷围岩控制研究概况

(1) 国外围岩控制理论研究现状

19 世纪后期到 20 世纪初,是矿压假说的萌芽阶段。这一时期人们开始利用比较简单的力学原理解释实际中出现的一些矿压现象,并提出了一些初步的矿压假说,具有代表性的是 W. Hack 和 G. Gillitzer 于 1928 年提出的"压力拱假说"[110]。该假说认为巷道上方能形成自然平衡拱,较好地解释了围岩卸载原因,但未能说明岩层变形、移动和破坏的发展过程以及围岩和支架的相互作用。

从 20 世纪 30 年代开始,人们将弹性力学和塑性力学引入地下工程的岩石力学分析中,解决了许多地下工程中的问题,其中 H. Kastner 等[111-117]关于巷道围岩弹塑性应力分布和围岩与支架的相互作用的理论是最为典型的代表之一。

20 世纪 60 年代,刚性试验机的应用揭示了岩石变形破坏的特性和弹塑性断裂破坏机理。特别是奥地利工程师在总结前人经验的基础上,提出了一种新的隧道设计施工方法,即新奥法[118]。该方法作为目前地下工程的主要设计施工方法之一,其核心是利用围岩的自承作用来支撑巷道,使围岩本身也成为支护结构的一部分。在此期间,日本的山地宏和樱井春辅又提出了围岩支护的应变控制理论[119]。他们认为巷道围岩的应变随支护结构的增加而减少,而许用应变则随着支护结构的增加而增大,因此,通过加强支护结构可较容易地将围岩的应变控制在许用应变范围内。

20 世纪 70 年代,M. D. G. Salamon 等又提出了能量支护理论[120]。他们认为支护与围岩互相作用、共同变形,在共同变形过程中围岩释放一部分能量,而支护则吸收一部分能量,但总的能量没有变化,因而,其主张利用支护结构来自动调解围岩释放的能量和支护体吸收的能量。

(2)国内围岩控制理论研究现状

我国自 20 世纪 50 年代开始采用沿空掘巷布置采煤工作面,中厚煤层沿空掘巷多采用金属支架维护,包括矿用工字钢梯形棚支架和 U 形钢拱形可缩支架维护。尽管采用了加大支护刚度等一系列措施,但沿空巷道围岩破坏严重、变形量大,维护仍然十分困难,严重影响着矿井的安全生产。20 世纪 90 年代以后随着高强锚杆支护技术的发展,中等稳定程度以上的综采煤层巷道普遍采用锚杆支护,沿空掘巷锚杆支护也取得了成功[121-138],这为沿空掘巷的推广创造了良好的外部条件。

国内学者对围岩控制方面的研究可归纳为以下几种具有代表性的围岩控制理论:

① 于学馥等[139-140]提出了"轴变理论"和"开挖系统控制理论"。该理论认为地下开挖空间出现后,地应力失去平衡,围岩在应力超过岩体强度极限处发生破坏,巷道出现坍落。依据弹塑性理论进行分析,坍落改变巷道轴比,导致应力重新分布,其特点是最大主应力下降,最小主应力上升,并向无拉力和均匀分布方向发展,直到结构自稳平衡。应力均匀分布的轴比是巷道最稳定的轴比,巷道形状为椭圆形。而开挖系统控制理论认为开挖扰动了岩体的平衡,这个不平衡系统具有自组织功能,可以自行稳定。

② 冯豫、陆家梁、郑雨天等[141]提出的"联合支护技术"是在总结新奥法支护

的基础上发展起来的,其观点可以概括为:对于巷道支护,一味强调支护刚度是不行的,特别是对于松软岩土围岩要"先柔后刚、先抗后让、柔让适度、稳定支护"。由此发展起来的支护形式有锚喷网技术、锚喷网架支护技术、锚带网架和锚带喷架等联合支护技术。

③ 董方庭等提出了围岩松动圈理论[142-143],其基本观点是巷道开挖后,在地应力作用下巷道周边围岩出现应力集中,进而产生塑性变形和破坏,在距离巷道表面一定深度范围内形成松动破碎带,即松动圈。巷道支护对象除松动圈围岩自重和巷道深部围岩的部分弹塑性变形外,还包括松动圈围岩的膨胀变形。且松动圈范围越大,收敛变形越大,支护越困难,因此,支护的作用在于限制围岩松动圈形成过程中碎胀力所造成的有害变形。

④ 何满潮提出了"关键部位耦合组合支护理论"[144]。该理论认为地下工程的破坏多是支护体与围岩体存在多方面不耦合造成的,如在强度、刚度和结构等方面;巷道支护应从围岩变形机理入手,采取适当的转化使支护体与围岩体相互耦合。对于复杂巷道支护要分为两次支护,先是整体柔性面支护,再是局部关键位置的点支护。

⑤ 煤炭科学研究总院有限公司开采研究所康红普提出了关键承载层圈理论[145-146]。该理论认为巷道稳定性与巷道在一定范围内承受较大切向应力的岩石圈的变形和破坏密切相关。任何巷道围岩内均存在着关键承载层圈。关键承载层圈承受的应力越小、厚度越大和受力越均匀,巷道越容易维护;关键承载层圈有向厚度大、受力均匀方向发展的趋势。巷道支护就是确保关键承载层圈的稳定。

(3) 巷道支护技术研究现状

围岩加固是各类岩土工程诸如煤炭开采、金属与非金属矿山、水利水电隧道、公路交通隧道、边坡等中的一项关键技术。合理的支护技术应既能确保岩土工程的安全,又具有明显的技术经济效益。对于煤矿开采而言,国内外巷道支护技术总的来说经历了从木支架到刚性金属支架、可缩性金属支架再到锚杆支护的发展过程,其中 U 型钢可缩性支架和锚杆被公认为是井下支护技术的两次重大突破。目前已经形成了包括各种料石碹、混凝土碹、喷射混凝土、工字钢刚性支架、工字钢可缩性支架、U 型钢可缩性支架、锚杆、锚喷、锚梁网、桁架锚杆、锚索、锚注、高强度混凝土弧板支架等众多支护形式[147-162]。

锚杆支护技术已成为巷道和其他地下工程支护的主要形式。侯朝炯、郭宏亮把世界锚杆支护的发展分为 5 个阶段[163]:① 机械式锚杆研究和应用;② 1950—1960 年,机械式锚杆广泛地在采矿业应用,人们开始对锚杆支护技术进行系统地研究;③ 1960—1970 年,树脂锚杆产生并应用于矿山;④ 1970—1980

年,出现了管缝式锚杆、膨管式锚杆;⑤ 1980—1990 年,混合锚头锚杆、组合锚杆、桁架锚杆、特种锚杆得到应用,树脂锚固剂材料得到改进。"八五"国家科技攻关计划提出了两类支护体系:一是由中国矿业大学提出的利用可伸缩锚杆、U型钢金属支架配合高水速凝材料注浆来解决巷道的支护;二是由山东科技大学提出的在锚喷支护基础上进行锚注的支护技术,它是采用锚杆与注浆相结合的一种新型锚注联合支护体系,利用空心锚杆兼作注浆管,通过注浆将松散围岩胶结成整体,以改善围岩的结构及其物理力学性质,既提高了围岩自身的承载能力,又为锚杆提供了可靠的着力基础,发挥了锚杆的锚固作用,从而有效地控制巷道的变形。

目前,针对锚杆作用机理的研究,形成了以下几种具有代表性的支护理论[164-166]。

① 悬吊理论。该理论认为当巷道围岩被破裂面、断层等切割或由于开挖引起巷道围岩产生塑性破坏时,可用锚杆将不稳定的岩块悬吊在稳定的岩体上或将应力降低区内不稳定的围岩悬吊在稳定岩体上,有效阻止岩块滑动等。这种作用的条件是在围岩的深处须有稳定的岩体作为固定点,并且把锚杆打入稳定岩体一定深度处。

② 组合梁理论。该理论认为巷道顶板由若干厚度不一的岩层组成,在某一断面上用一定数量和长度的锚杆群来锚固水平或者缓倾斜的岩层,一方面锚杆群将各岩层"装订"成一个整体,防止了岩石沿层面滑动,避免离层现象的出现;另一方面,锚杆杆体增加了各岩层间的摩擦力,提高了层理间的抗剪能力,将巷道顶板锚固范围内的各个岩层紧密结合,形成了一个组合梁似的结构[80],提高了岩层的抗弯性能,有利于围岩稳定。

③ 组合拱理论。该理论由兰氏和彭德通过光弹试验提出。他们认为在拱形巷道围岩破裂区中安装预应力锚杆时,杆体两端之间的岩体将处于圆锥形分布的压应力作用下,如果沿巷道周边按适当的间排距布置锚杆,各个锚杆形成的压应力圆锥体将相互交错,在岩体中形成一个均匀的压缩带——承压拱。该拱不仅承受其上部破碎岩石施加的荷载,而且可使承压拱内的岩石处于三向应力状态,巷道支撑能力增大。

④ 最大水平应力理论。该理论由澳大利亚学者盖尔提出。其认为矿井岩层的水平应力通常大于垂直应力,且最大水平应力的方向决定了巷道顶底板的稳定性。这主要表现在:当巷道与最大水平应力的方向平行时,巷道顶底板稳定性最好,受水平应力影响最小;当巷道与最大水平应力的方向呈锐角相交时,巷道顶底板变形、破坏将偏向巷道某一帮;当巷道与最大水平应力的方向垂直时,巷道顶底板稳定性最差。此时安装锚杆主要是约束围岩沿巷道轴向的膨胀变形

和沿巷道径向的剪切错动,因此,要求巷道支护为强度高、刚度大、抗剪阻力大的高强度锚杆支护。

⑤ 锚杆支护围岩强度强化理论。该理论认为系统布置锚杆可以有效地改善锚固体的力学参数,如增大围岩的极限强度、弹性模量、黏聚力、内摩擦角等;锚杆支护还可以改变围岩应力状态,减小围岩塑性区、破碎区半径,形成锚杆-围岩的共同承载结构,促使巷道围岩由不稳定状态向稳定状态转变。

目前,巷道支护理论研究存在的主要问题有[167-173]:① 巷道支护的对象认识不统一。传统的弹塑性支护理论认为:影响巷道围岩稳定的主要原因是巷道开挖后围岩中形成的塑性区和产生的塑性变形,巷道支护的作用是限制塑性区的发展,阻止围岩塑性变形发生松动破坏,将围岩控制在弹塑性阶段;围岩松动圈理论则认为:弹塑性状态的围岩能够自稳,只有围岩处于破碎状态才需要支护,巷道支护的主要对象是限制围岩松动圈所产生的碎胀变形。② 关于围岩处于极限荷载状态下能够长期保持稳定的条件与基本的岩石力学性能试验成果相矛盾。

1.3 研究内容与技术路线

1.3.1 研究内容

本书在总结前人研究成果的基础上,以综放沿空巷道为研究对象,着重对沿空巷道三维锚索支护机理进行研究,并选择潞安矿区典型巷道进行现场应用,从而为矿区实现集约高效生产积累经验。本书主要研究内容如下:

(1)潞安矿区煤岩物理力学性质及煤巷钻孔卸压试验研究

利用大型岩石三轴试验机对潞安矿区煤岩体进行单轴压缩、单轴拉伸和三轴压缩试验,获得煤岩力学特性;通过煤巷钻孔卸压试验研究钻孔布置方式对卸压效果的影响规律。

(2)三维锚索支护理论研究

三维锚索支护理论研究主要是建立三维锚索支护力学模型,阐述三维锚索支护原理。

(3)沿空巷道三维锚索支护应力分布规律研究

根据潞安矿区王庄煤矿 5218 综放工作面生产地质条件,建立沿空巷道三维锚索支护的计算模型,分析不同巷道断面尺寸、支护形式、卸压孔布置方式及工作面采深对顶板应力分布规律、底板应力分布规律、实体煤帮应力分布规律和小煤柱帮应力分布规律的影响。

（4）沿空巷道三维锚索支护变形规律研究

分析不同巷道断面尺寸、支护形式、卸压孔布置方式及工作面采深对顶板变形规律、底板变形规律、实体煤帮变形规律和小煤柱帮变形规律的影响。

（5）沿空巷道三维锚索支护变形特征研究

依据相似原理制作了相似材料模型，分析沿空巷道在三维锚索支护条件下围岩应力分布及变形特征。

（6）沿空巷道三维锚索支护实践

选择潞安矿区王庄煤矿 5218 工作面回风巷作为工业性试验的地点，进行三维锚索支护实践，在矿压观测数据分析处理的基础上，研究三维锚索支护与普通锚网索支护对沿空巷道围岩的不同控制效果。

1.3.2　技术路线

本研究将采用理论分析、数值计算、试验研究、现场实测等综合研究方法，具体技术路线如图 1-1 所示。

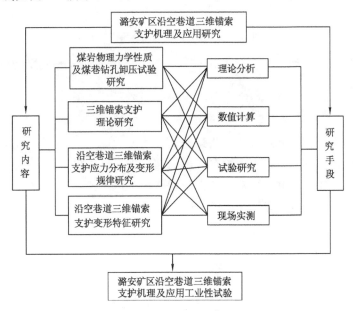

图 1-1　技术路线

（1）理论分析：应用弹塑性力学、板壳理论等建立三维锚索支护形成的空间壳体力学模型，分析其变形规律及稳定状况。

（2）试验研究：测试潞安矿区煤岩体的各种力学参数，为数值计算和相似试验研究提供依据;通过沿空巷道三维锚索支护的相似材料模拟试验,分析其围岩结构的变形特征,探讨三维锚索支护对围岩的控制作用及验证所设计支护参数的合理性。

(3)数值计算:借助岩土计算软件 FLAC³ᴰ模拟沿空巷道三维锚索支护围岩变形及应力分布规律,揭示三维锚索支护机理。

(4)现场实测:通过工作面回采期间的矿压观测,进一步了解沿空巷道三维锚索支护围岩变形规律,同时检验新型三维锚索支护技术控制沿空巷道围岩变形的效果。

1.4　研究的重点及难点

研究的重点主要集中在以下几个方面:① 三维锚索支护力学模型的建立及求解;② 不同巷道断面尺寸、支护形式、卸压孔布置方式及工作面采深条件下三维锚索支护沿空巷道围岩变形特征及应力分布规律研究;③ 沿空巷道三维锚索支护相似模拟试验研究。

研究的难点为:① 三维锚索支护力学模型的建立及求解;② 沿空巷道三维锚索支护相似模拟试验设计;③ 沿空巷道三维锚索支护关键技术的开发。

1.5　预期创新性成果

(1)开发沿空巷道新型三维锚索支护技术。

(2)建立新型三维锚索支护空间网壳结构力学分析模型。

(3)开发沿空巷道三维锚索支护的相似模拟试验技术。

(4)开发煤样钻孔卸压室内试验技术。

2 煤岩物理力学性质研究

煤岩物理力学特性是决定支护强度和巷道稳定性的关键因素之一。通过对潞安矿区 3#煤层煤岩物理力学特性进行综合研究,可为三维支护参数选择等提供依据。另外,通过煤巷钻孔卸压试验,研究了钻孔布置方式对卸压效果的影响规律。

2.1 地质条件

潞安矿区煤矿现开采的 3# 煤层赋存于二叠系下统山西组地层中下部,为陆相湖泊型沉积。煤层平均厚度为 6.65 m,一般含夹矸 4～5 层,煤层倾角 2°～6°。煤种为贫瘦煤,为低磷、低硫、中灰、富发热量的优质动力用煤。煤层基本顶为厚层灰白色的中、细粒砂岩,致密坚硬,抗压强度高,不易垮落。直接顶为厚约 10 m 的泥岩,节理发育,含植物化石,可随采随冒。伪顶为一薄层碳质泥岩。直接底为灰色的含植物化石的泥岩。基本底为灰白色的砂岩,节理发育,性脆。

王庄井田位于潞安矿区中部东缘,处于文王山断层及安昌断层之间。区内煤层基本上呈一单斜构造,略有起伏,褶曲不甚发育,断层除边界断层外,井田内主要发育有王庄断层及故县断层等。

井下地温正常,在 16 ℃左右,无冲击地压危险性。

掘进过程中主要涌水来自煤层上部的 7、8 号含水层淋水,顶板有一定量的淋水,来水量不大,涌水量为 2～3 m³/h,窝头应安设相应的排水设施。

2.2 岩石基本力学特性

2.2.1 岩石单轴压缩试验力学特性

试验测定的岩石单轴压缩抗压强度、弹性模量和泊松比见表 2-1。

表 2-1 岩石单轴压缩试验测定结果

岩石名称	试样尺寸/mm		试验抗压强度 /MPa	修正抗压强度 /MPa	弹性模量 /GPa	泊松比
	直径	高度				
砂岩(29-1)	49.8	87.3	58.15	60.33	7.91	0.21
砂岩(29-2)	49.8	84.0	47.38	48.54	6.82	0.26
砂岩(88-1)	49.9	102.3	97.34	106.71	8.38	0.18
泥岩(10-4)	50.3	103.3	127.39	139.74	16.44	0.23
砂岩(k5-1)	50.5	100.5	138.18	158.28	20.82	0.15
砂泥岩(26-1)	50.2	102.7	157.57	172.60	17.03	0.14
灰岩(44-4)	50.2	101.9	128.41	140.26	13.78	0.23
泥岩(10-5)	50.3	104.8	123.59	136.30	19.65	0.19
灰岩(44-3)	50.3	106.7	158.33	175.80	15.32	0.20
泥岩(10-6)	50.3	95.8	118.97	127.00	14.29	0.18
泥岩(62-18)	50.6	82.0	37.95	38.39	6.06	0.19
砂岩(88-2)	49.9	97.4	120.71	129.99	12.96	0.13
砂泥岩(62ban-1)	50.6	103.5	116.98	128.13	14.25	0.12
砂泥岩(17-1)	50.6	102.7	115.39	126.03	12.49	0.18
煤块 1	48.5	96.3	31.86	34.52	1.46	0.35
煤块 2	48.4	95.2	36.25	39.14	1.50	0.31
煤块 3	48.6	95.6	31.37	33.88	1.26	0.31
煤块 4	48.6	94.9	37.80	40.71	1.50	0.34
砂泥岩(26-2)	50.2	84.2	139.08	142.23	14.73	0.16
灰岩(44-2)	50.2	102.5	133.26	145.87	18.20	0.15
泥岩(62-19)	50.5	90.1	14.94	15.59	5.23	0.23
灰岩(62-69)	50.4	65.5	92.01	87.24	8.60	0.17
砂岩(62-78)	50.5	103.4	172.99	189.55	19.87	0.14
砂岩(88-3)	50.0	102.8	83.75	91.91	8.63	0.13
砂泥岩(102-1)	49.7	77.3	89.32	89.20	8.11	0.16
砂岩(k3-1)	50.6	102.1	130.37	142.09	9.96	0.15

2.2.2 岩石拉伸试验力学特性

试验测定的岩石抗拉强度和弹性模量见表 2-2。

表 2-2　岩石拉伸试验测定结果

岩石名称	试样尺寸/mm		抗拉强度 /MPa	弹性模量 /GPa
	直径	高度		
砂岩(88-1)	49.9	102.3	9.89	8.38
泥岩(10-4)	50.3	103.3	11.52	16.44
砂岩(k5-1)	50.5	100.5	25.63	20.82
砂泥岩(26-1)	50.2	102.7	18.26	17.03
灰岩(44-4)	50.2	101.9	15.72	13.78
泥岩(10-5)	50.3	104.8	14.23	19.65
灰岩(44-3)	50.3	106.7	16.89	15.32
泥岩(10-6)	50.3	95.8	13.03	14.29
泥岩(62-18)	50.6	82.0	4.02	6.06
砂岩(88-2)	49.9	97.4	14.25	12.96
砂泥岩(62ban-1)	50.6	103.5	13.56	14.25
砂泥岩(17-1)	50.6	102.7	12.98	12.49
煤块 1	48.5	96.3	4.21	1.46
煤块 2	48.4	95.2	4.76	1.50
煤块 3	48.6	95.6	4.24	1.26
煤块 4	48.6	94.9	4.68	1.50
砂泥岩(26-2)	50.2	84.2	15.12	14.73
灰岩(44-2)	50.2	102.5	15.85	18.20
泥岩(62-19)	50.5	90.1	1.71	5.23
灰岩(62-69)	50.4	65.5	9.24	8.60
砂岩(62-78)	50.5	103.4	19.53	19.87
砂岩(88-3)	50.0	102.8	10.02	8.63
砂泥岩(102-1)	49.7	77.3	9.45	8.11
砂岩(k3-1)	50.6	102.1	15.23	9.96

2.2.3　岩石三轴试验力学特性

试验测定的在不同围压作用下的抗压强度、弹性模量、泊松比见表 2-3。

表 2-3 岩石常规三轴试验测定结果

岩石名称	试样尺寸/mm		围压 /MPa	抗压强度 /MPa	弹性模量 /GPa	泊松比
	直径	高度				
砂岩(88-1)	49.9	102.3	4	97.34	8.38	0.18
泥岩(10-4)	50.3	103.3	4	127.39	16.44	0.23
砂岩(k5-1)	50.5	100.5	变围压	243.80	20.82	0.15
砂泥岩(26-1)	50.2	102.7	变围压	157.57	17.03	0.14
灰岩(44-4)	50.2	101.9	变围压	128.41	13.78	0.23
泥岩(10-5)	50.3	104.8	变围压	123.59	19.65	0.19
灰岩(44-3)	50.3	106.7	4	158.33	15.32	0.20
泥岩(10-6)	50.3	95.8	变围压	118.97	14.29	0.18
泥岩(62-18)	50.6	82.0	变围压	37.95	6.06	0.19
砂岩(88-2)	49.9	97.4	7	120.71	12.96	0.13
砂泥岩(62ban-1)	50.6	103.5	变围压	116.98	14.25	0.12
砂泥岩(17-1)	50.6	102.7	变围压	115.39	12.49	0.18
煤块 1	48.5	96.3	变围压	31.86	1.46	0.35
煤块 2	48.4	95.2	4	36.25	1.50	0.31
煤块 3	48.6	95.6	4	31.37	1.26	0.31
煤块 4	48.6	94.9	4	37.80	1.50	0.34
砂泥岩(26-2)	50.2	84.2	变围压	139.08	14.73	0.16
灰岩(44-2)	50.2	102.5	4	133.26	18.20	0.15
泥岩(62-19)	50.5	90.1	变围压	14.94	5.23	0.23
灰岩(62-69)	50.4	65.5	变围压	92.01	8.60	0.17
砂岩(62-78)	50.5	103.4	变围压	172.99	19.87	0.14
砂岩(88-3)	50.0	102.8	变围压	83.75	8.63	0.13
砂泥岩(102-1)	49.7	77.3	4	89.32	8.11	0.16
砂岩(k3-1)	50.6	102.1	变围压	130.37	9.96	0.15

2.3 岩石全应力-应变曲线

2.3.1 单轴压缩试验岩石全应力-应变曲线

根据试验测得的岩石应力、应变数据绘制的岩石全应力-应变曲线如图 2-1 所示。

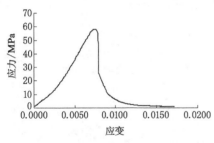

（a）砂岩（29-1）单轴压缩试验全应力-应变曲线

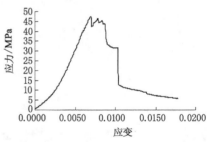

（b）砂岩（29-2）单轴压缩试验全应力-应变曲线

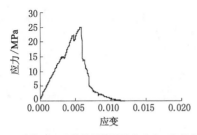

（c）砂岩（88-1）单轴压缩试验全应力-应变曲线

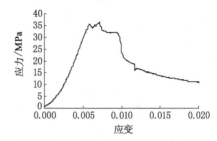

（d）泥岩（62-18）单轴压缩试验全应力-应变曲线

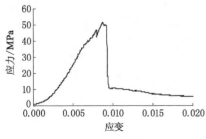

（e）砂岩（k5-1）单轴压缩试验全应力-应变曲线

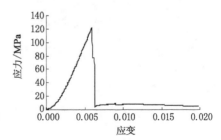

（f）灰岩（44-4）单轴压缩试验全应力-应变曲线

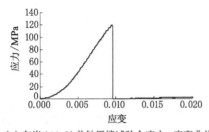

（g）灰岩（44-2）单轴压缩试验全应力-应变曲线

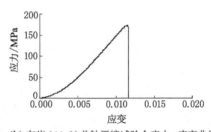

（h）灰岩（44-3）单轴压缩试验全应力-应变曲线

图 2-1　岩石单轴压缩试验全应力-应变曲线

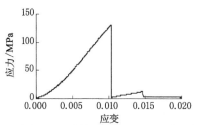

（i）砂岩（88-2）单轴压缩试验全应力-应变曲线

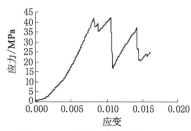

（j）砂岩（62-78）单轴压缩试验全应力-应变曲线

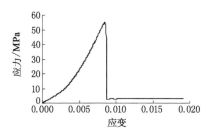

（k）砂岩（88-3）单轴压缩试验全应力-应变曲线

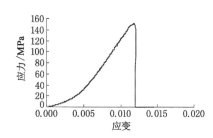

（l）灰岩（62-69）单轴压缩试验全应力-应变曲线

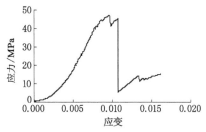

（m）砂泥岩（26-2）单轴压缩试验
全应力-应变曲线

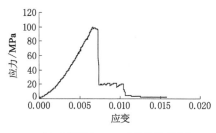

（n）砂泥岩（62ban-1）单轴压缩试验
全应力-应变曲线

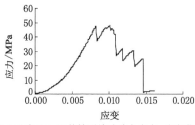

（o）砂岩（k3-1）单轴压缩试验全应力-应变曲线

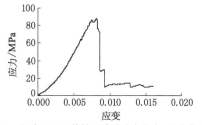

（p）泥岩（10-4）单轴压缩试验全应力-应变曲线

图 2-1(续)

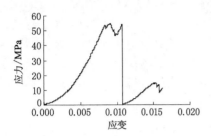

（q）煤块1单轴压缩试验全应力-应变曲线

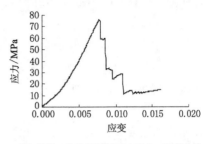

（r）煤块4单轴压缩试验全应力-应变曲线

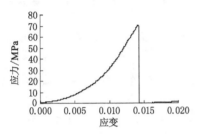

（s）泥岩（10-5）单轴压缩试验全应力-应变曲线

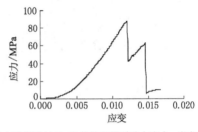

（t）砂泥岩（102-1）单轴压缩试验全应力-应变曲线

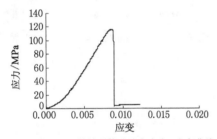

（u）泥岩（10-6）单轴压缩试验全应力-应变曲线

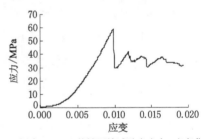

（v）泥岩（62-18）单轴压缩试验全应力-应变曲线

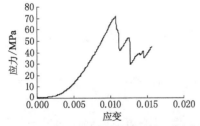

（w）砂泥岩（17-1）单轴压缩试验全应力-应变曲线

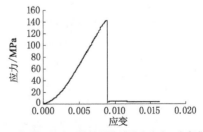

（x）泥岩（62-19）单轴压缩试验全应力-应变曲线

图 2-1（续）

从图 2-1 可以看出岩石单轴压缩应力应变关系特征,岩石的单轴压缩试验全应力-应变曲线的形状大体上是类似的,一般可分为压密阶段、弹性变形阶段和向塑性变形过渡直到破坏阶段。加载初期,轴向应力的增加量随轴向应变的增大而增大,曲线呈上凹形状,这是岩石试件中的微裂隙或节理面压密而导致的。随后,在裂隙、弱节理面都闭合后,应力应变关系则有近似于线弹性的性质,由于岩石中裂隙、节理面等的宽度不一样,则闭合的程度也不同,所以各曲线的线性部分长度也不同;当轴向应变继续增加,且岩石中的应力超过了其最大承载力时,试件就开始破裂,应力-应变曲线转向下降,其特点是试件在破坏初期仍保持一定的强度。有的试件在破坏后,应力还有部分回升的现象,这是破裂过程中孔隙结晶的崩坍使某些裂隙闭合的缘故。

2.3.2 岩石劈裂试验全应力-应变曲线

根据试验测得的岩石应力、应变数据绘制的岩石全应力-应变曲线如图 2-2 所示。

从图 2-2 可以看出岩石劈裂试验应力应变关系特征,岩石的劈裂试验应力-应变曲线的形状大体上是类似的,可以与单轴压缩试验一样分为压密阶段、弹性变形阶段和向塑性变形过渡直到破坏阶段。但是劈裂试验试件在破坏时与单轴压缩是不同的,当达到最大承载能力时,试件是瞬间破坏,由于采用位移控制模式,在试件破坏后应力还有一定的回升,随着试验的进行最终应力值是降为零的。

2.3.3 岩石三轴试验全应力-应变曲线

根据试验测得的岩石应力、应变数据绘制的岩石全应力-应变曲线如图 2-3 所示。

从图 2-3 可以看出岩石常规三轴应力应变关系特征,岩石在不同围压下的轴向应力-应变全过程曲线形状是类似的,可以划分为 4 个阶段:压密阶段、弹性变形阶段、塑性阶段和破坏阶段。

① 压密阶段:在开始施加轴向压力时,岩石被压密,部分裂隙闭合,应力-应变曲线微向下弯曲。

② 弹性变形阶段:岩石表现出明显的线弹性,随围压增大,线弹性部分长度增加。

③ 塑性阶段:岩石内部开始产生微裂隙,且裂隙随加载载荷的增加而加速扩展,最终裂隙汇合贯通使岩石破坏。

④ 破坏阶段:试件破坏后,岩石的承载能力没有完全丧失,还具有一定的承

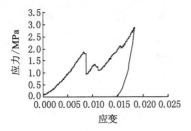

（a）砂泥岩（26-1）劈裂试验应力-应变曲线

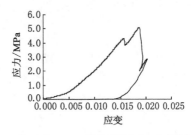

（b）砂岩（88-1）劈裂试验应力-应变曲线

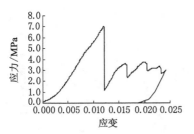

（c）灰岩（44-4）劈裂试验应力-应变曲线

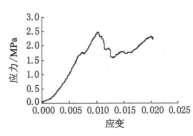

（d）砂泥岩（62ban-1）劈裂试验应力-应变曲线

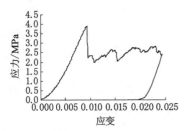

（e）灰岩（44-3）劈裂试验应力-应变曲线

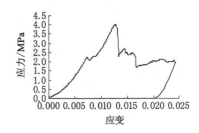

（f）灰岩（44-2）劈裂试验应力-应变曲线

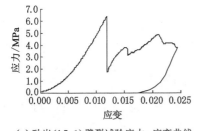

（g）砂岩（k5-1）劈裂试验应力-应变曲线

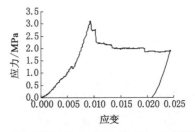

（h）砂泥岩（17-1）劈裂试验应力-应变曲线

图 2-2 劈裂试验应力-应变曲线

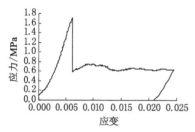

（i）泥岩（10-4）劈裂试验应力-应变曲线

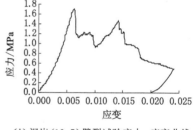

（j）泥岩（10-5）劈裂试验应力-应变曲线

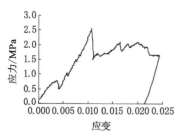

（k）灰岩（62-69）劈裂试验应力-应变曲线

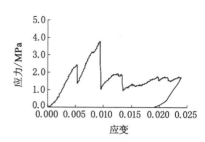

（l）砂岩（88-2）劈裂试验应力-应变曲线

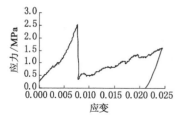

（m）砂泥岩（26-2）劈裂试验应力-应变曲线

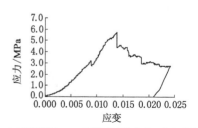

（n）砂泥岩（102-1）劈裂试验应力-应变曲线

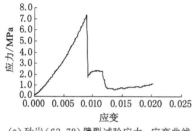

（o）砂岩（62-78）劈裂试验应力-应变曲线

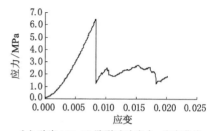

（p）砂岩（88-3）劈裂试验应力-应变曲线

图 2-2（续）

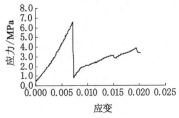

（q）砂岩（k3-1）劈裂试验应力-应变曲线

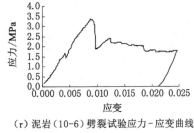

（r）泥岩（10-6）劈裂试验应力-应变曲线

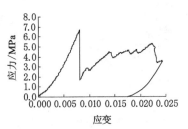

（s）泥岩（62-18）劈裂试验应力-应变曲线

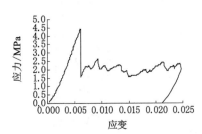

（t）泥岩（62-19）劈裂试验应力-应变曲线

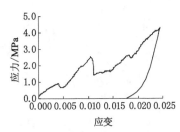

（u）煤块1劈裂试验应力-应变曲线

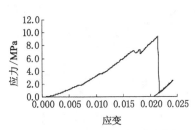

（v）煤块2劈裂试验应力-应变曲线

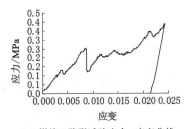

（w）煤块3劈裂试验应力-应变曲线

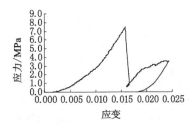

（x）煤块4劈裂试验应力-应变曲线

图 2-2（续）

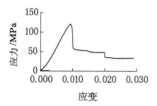

（a）砂岩（88-2）围压4 MPa下常规三轴试验
全应力-应变曲线

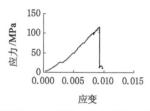

（b）泥岩（10-4）围压4 MPa下常规三轴试验
全应力-应变曲线

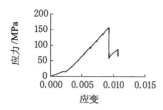

（c）砂泥岩（26-1）围压4 MPa下常规三轴试验
全应力-应变曲线

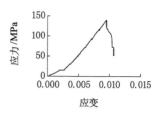

（d）灰岩（44-4）围压4 MPa下常规三轴试验
全应力-应变曲线

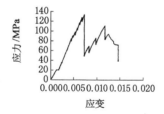

（e）砂泥岩（17-1）围压4 MPa下常规三轴试验
全应力-应变曲线

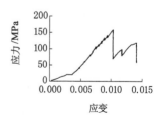

（f）灰岩（44-3）围压4 MPa下常规三轴试验
全应力-应变曲线

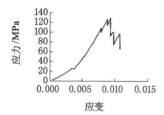

（g）灰岩（44-2）围压4 MPa下常规三轴试验
全应力-应变曲线

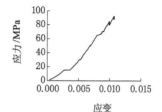

（h）砂岩（88-1）围压4 MPa下常规三轴试验
全应力-应变曲线

图 2-3　岩石全应力-应变曲线

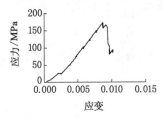

（i）砂岩（88-3）围压 4 MPa 下常规三轴试验
　　全应力-应变曲线

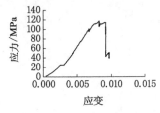

（j）砂泥岩（62ban-1）围压 4 MPa 下常规三轴试验
　　全应力-应变曲线

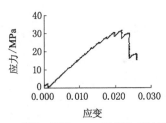

（k）煤块 1 围压 4 MPa 下常规三轴试验
　　全应力-应变曲线

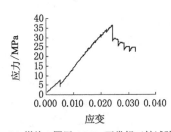

（l）煤块 2 围压 4 MPa 下常规三轴试验
　　全应力-应变曲线

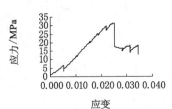

（m）煤块 3 围压 4 MPa 下常规三轴试验
　　全应力-应变曲线

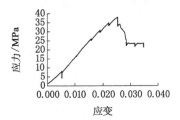

（n）煤块 4 围压 4 MPa 下常规三轴试验
　　全应力-应变曲线

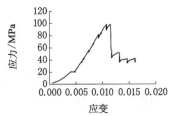

（o）砂泥岩（26-2）围压 4 MPa 下常规三轴试验
　　全应力-应变曲线

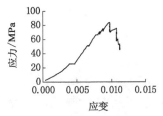

（p）灰岩（62-69）围压 4 MPa 下常规三轴试验
　　全应力-应变曲线

图 2-3（续）

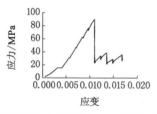

（q）砂泥岩（102-1）围压 4 MPa 下常规三轴试验
全应力-应变曲线

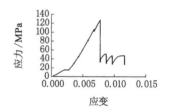

（r）砂岩（k3-2）变围压下常规三轴试验
全应力-应变曲线

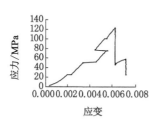

（s）泥岩（10-5）变围压下常规三轴试验
全应力-应变曲线

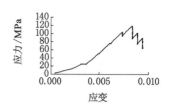

（t）泥岩（10-6）变围压下常规三轴试验
全应力-应变曲线

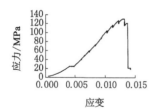

（u）砂岩（k3-1）变围压下常规三轴试验
全应力-应变曲线

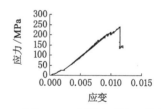

（v）砂岩（k5-1）变围压下常规三轴试验
全应力-应变曲线

图 2-3（续）

载能力，岩石强度减弱到残余强度，而且残余强度随围压增大而增大，这主要是在围压作用下，裂隙被压密闭合而使岩石刚度和强度增大造成的。

2.3.4　岩石试验试样破坏形式

围压除了对岩石的强度特性产生影响外，也对岩石的破坏机制有影响。岩石试样在单轴压缩条件下表现为脆性张裂破坏，随着围压的增加，岩石便进入剪切破坏阶段，破坏时伴随有较大的声响和震动。岩石单轴压缩试验破坏形式如图 2-4 所示，岩石常规三轴试验破坏形式如图 2-5 所示。

从图 2-4 和图 2-5 可以看出两种情况下岩石的破坏机制表现出明显的差异。

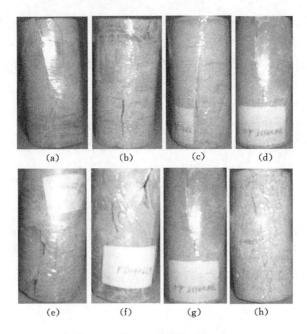

图 2-4 岩石单轴压缩试验破坏形式

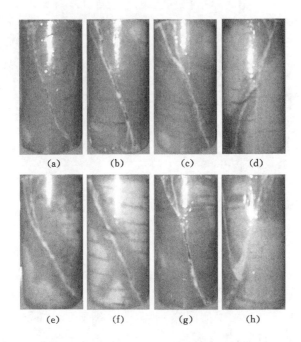

图 2-5 岩石常规三轴试验破坏形式

① 在没有围压条件下,岩石试件呈现典型的脆性张裂破坏,即破裂面平行于主压应力作用方向;

② 随着围压的增加,岩石试件由剪张破坏,即以张裂破坏为主、剪切破坏为辅的破坏形式,到张剪破坏,即以剪切破坏为主、张裂破坏为辅的破坏形式,然后,向典型的剪切破坏转化;

③ 随着围压的不断增加,岩石试件有转为塑性破坏的趋势,剪切破裂面上有很多岩粉,破裂面交汇处有较大范围的挤压粉碎区,并伴随有侧向的膨胀。

2.4 煤巷钻孔卸压效果的物理试验

钻孔卸压技术的设计思想是通过钻孔等方法在巷道围岩深部形成一个弱化区或弱化带,为围岩在应力释放过程中产生的膨胀变形提供一个补偿空间,并且使支承压力峰值向巷道围岩深部有效地转移,从而达到减小巷道围岩变形,降低支护压力的目的[174-178]。

将本次试验的试件分别加工成 150 mm×150 mm×150 mm 和 150 mm×150 mm×400 mm 的煤样,然后在试样上根据设计方案,按照一定的几何相似比在试样上打钻孔,钻孔方案为单排孔、双排孔和三排孔 3 种情况。在外界载荷作用下,观察试件的变形情况,试验系统如图 2-6 所示,试验过程中的试件如图 2-7 所示。

图 2-6　MTS815 试验系统　　　　图 2-7　试验过程中的试件

2.4.1　试验结果

煤样钻孔卸压试验结果如图 2-8 所示。由图 2-8 可知,通过钻孔转移应力实施巷道卸压是可行的,效果明显。各试样中,前部钻孔部分表面较完整,后部无孔部分基本上被压酥。单排钻孔试样的弹性核区较完整,双排钻孔试样的弹

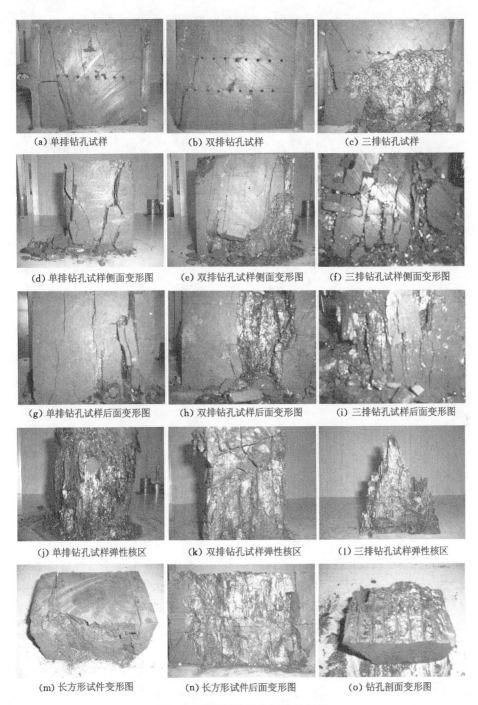

(a) 单排钻孔试样　　　　　　(b) 双排钻孔试样　　　　　　(c) 三排钻孔试样

(d) 单排钻孔试样侧面变形图　　(e) 双排钻孔试样侧面变形图　　(f) 三排钻孔试样侧面变形图

(g) 单排钻孔试样后面变形图　　(h) 双排钻孔试样后面变形图　　(i) 三排钻孔试样后面变形图

(j) 单排钻孔试样弹性核区　　　(k) 双排钻孔试样弹性核区　　　(l) 三排钻孔试样弹性核区

(m) 长方形试件变形图　　　　(n) 长方形试件后面变形图　　　(o) 钻孔剖面变形图

图 2-8　煤样钻孔卸压试验效果图

性核区裂纹较多,三排钻孔试样的弹性核区呈哑铃形。

2.4.2 试验结果分析

试验测得的载荷-位移曲线反映了巷道两帮变形的特点。部分试样的峰前、残余变形曲线如图 2-9 所示。

由图 2-9 可以看出,试样峰前变形量较大,当钻孔部分变形达到某一值时,孔间煤柱出现大量损伤,载荷开始下降;进入残余阶段后,随着位移量的增加,载荷重新呈现上升趋势,载荷变化梯度较峰值前大很多。

上述试样载荷位移曲线可转换为煤的全应力-应变曲线[179],如图 2-10 所示。

煤的全应力-应变曲线反映了煤的应变软化特性和非弹性扩容特性。当应力超过抗压屈服极限值后,应变软化变形特性和非弹性扩容特性就会显现,甚至出现弹性模量随着不可逆变形的发展而减少的现象,即弹性和塑性耦合的现象。

在钻孔周围我们把对应于图 2-10 的塑性软化阶段、残余强度阶段分别称为塑性软化区和残余强度区[179],由于塑性软化区和残余强度区的应力都低于原岩应力,故又把这两区称为卸压圈,卸压圈的大小与煤样上钻孔的数量有关。

图 2-10 所示曲线中峰值过后的陡降段对应塑性软化区,其 α 角分别约为 $69.2°$、$55.8°$、$20°$、$68.6°$、$40.8°$、$18°$、$66°$、$4.8°$、$68.2°$、$9.9°$、$42.6°$(α 角越大,软化现象越严重)。软化系数 f 为:

$$f = \frac{m_0}{E} \tag{2-1}$$

式中　　m_0——软化模量,$m_0 = \tan \alpha$;

　　　　E——煤的弹性模量。

随着软化系数 f 的增大即 α 角的增大,应力峰值将由钻孔中心向外部移动,卸压范围亦迅速增加,主要表现为钻孔侧破坏的情况以及与钻孔侧对应的试件后面的破坏情况。由试验结果可知,从单排钻孔到三排钻孔,卸压效果是明显变好的,说明试样的软化系数随钻孔数量的增多而增大。随着残余强度的降低,煤样内的弹性能得到了较好的释放,卸压范围也会相应地增加,主要表现为试验中弹性核区的大小以及完整程度,如试验中从单排钻孔到三排钻孔试件的弹性核区明显变小可知,试样的卸压效果是明显的,试样的残余强度随钻孔数量的增多而明显降低。

从试样Ⅰ、Ⅱ、Ⅶ、Ⅷ的试验结果可知,对应于软化系数 f 即 α 角,其值越大则对应的残余强度越大,试样Ⅷ、Ⅰ、Ⅱ、Ⅶ的残余强度曲线的 θ 角分别为 $42.6°$、$55.8°$、$67.6°$、$68.2°$,而相应的残余承载能力分别是 341 kN、350 kN、467 kN、

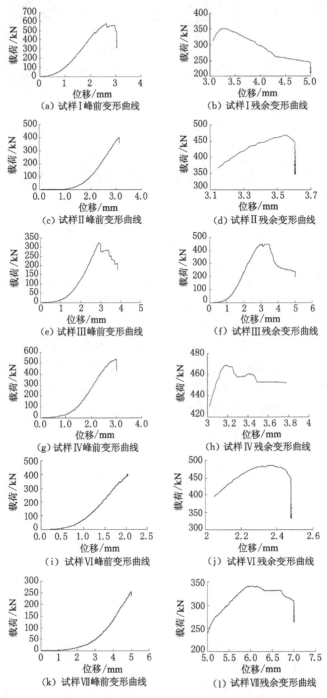

图 2-9　部分试样的峰前、残余变形曲线

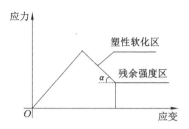

图 2-10　煤的全应力-应变曲线

486 kN。这说明试样的钻孔卸压效果受 α 角与残余强度的影响,且两者对钻孔卸压的影响效果是相反的。

2.5　本章小结

　　本章通过试验研究了煤岩的物理力学性质和煤样钻孔卸压效果。岩石试样在单轴压缩条件下表现为脆性张裂破坏,随着围压的增加,岩石逐渐进入剪切破坏阶段,破坏时伴随有较大的声响和震动。试件破坏后,岩石的承载能力没有完全丧失,还具有一定的承载能力,岩石强度减弱到残余强度,而且残余强度随围压增大而增大。试样的钻孔卸压效果受 α 角和残余强度的影响,且两者对钻孔卸压的影响效果相反。随着软化系数 f 的增大即 α 角的增大,应力峰值将由钻孔中心向外部移动,卸压范围亦迅速增加;随着残余强度的降低,煤样内的弹性能得到了较好的释放,卸压范围也会相应地增加。

3　三维锚索支护理论

本章针对潞安矿区沿空巷道围岩控制难题,结合潞安矿区沿空巷道矿压特点,依据薄壳理论,提出了一种能对巷道围岩主动施加压应力且在围岩内部形成三向受压"网壳"结构的主动支护技术——新型三维锚索支护技术。本章借助弹塑性理论及壳体结构相关理论对全断面三维锚索支护巷道、部分断面三维锚索支护巷道、施加变形块的部分断面三维锚索支护巷道3种情况分别建立了对应为闭合圆柱壳、开口圆柱壳及加劲开口圆柱壳的力学模型,探讨该结构的稳定性,揭示三维锚索支护机理。

3.1　三维锚索支护原理

3.1.1　普通锚杆的支护机理

普通锚杆支护主要是锚杆群共同作用在巷道围岩内部形成支护结构,通过该内部支护结构承受巷道外载,以保持巷道围岩的稳定。巷道围岩能否保持稳定的关键是锚杆群能否在围岩内部形成一定厚度的内部支护结构及该内部支护结构强度(或承载能力)的大小。

巷道开掘后,原来处于平衡状态的围岩应力受到破坏而产生应力集中并重新分布。在这一过程中,巷道围岩应力由原来的三向应力状态变为两向应力状态,在矿山压力作用下,巷道表面煤岩发生(径向)膨胀变形和水平移动,围岩出现破坏区和塑性区,进而产生顶板下沉、垮落,底鼓和片帮等现象。此时若巷道未得到有效、及时的支护,则巷道的破坏区和塑性区范围会愈来愈大,巷道围岩不可能处于稳定状态。

对于软弱围岩微拱形巷道,普通锚杆支护主要是通过形成压缩组合拱结构将巷道表面不稳定的岩体锚固在完整岩体上进而对围岩起支护作用。其特点在于用集中锚固方式在弹性体上安装锚杆时,锚杆内部以锚固端和杆尾托盘为顶点形成算盘珠式的压缩锥形体[180],如图3-1所示。如果把锚杆以适当间距布置安装就会形成连续的压缩带。但锚杆与锚杆之间由于缺乏有效的联系,只能提高煤岩的径向抗压强度,两锚杆之间中部煤岩的径向抗压强度最小,变形也最大。

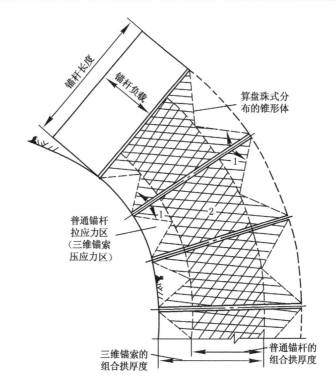

1—普通锚杆压应力区；2—三维锚索压应力区。

图 3-1　普通锚杆支护与三维锚索支护形成的组合拱结构示意图

当巷道处于高应力区且受工作面回采扰动影响时，围岩将出现大范围的破坏区和塑性区。此时，普通锚杆（索）支护不能有效地阻止巷道围岩变形，严重时可导致锚杆（索）被拉断失效。

3.1.2　三维锚索支护机理

通过对潞安矿区沿空巷道支护现状调研及巷道的矿压特点分析可知，对这类巷道的支护和加固，必须从改善围岩受力状态出发，充分发挥围岩的自承能力。为此，本章提出潞安矿区沿空巷道三维锚索支护控制技术，通过转移巷道围岩高应力区、增大围岩表面整体强度并及时在围岩内部主动形成"壳体"承载结构（图 3-2），达到控制巷道围岩稳定的目的。

与普通锚索支护不同，新型三维锚索支护技术将外露在锚索孔外的锚索钢绞线剥离拆散至锚索孔内一定深度处，再两股一组沿不同方向通过特制锁具与另一根锚索的两股钢绞线或角锚杆相连接，在巷道围岩表面形成有机联系的整体；然后在不同锚索外露钢绞线上安设紧贴煤岩体表面的变形块，变形块受力变

图 3-2　三维支护形成的网壳结构示意图

形后颜色会发生变化,通过变形块的颜色变化来反映顶板的受力情况;最后对沿不同方向连接的锚索钢绞线施加预紧力。新型三维锚索在巷道中的连接示意图如图 3-3 所示。

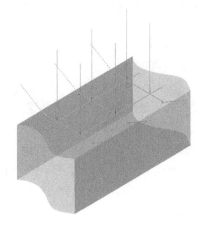

图 3-3　新型三维锚索支护示意图

三维锚索的作用在于其对顶板围岩提供了三向(巷道轴向、切向、径向)压应力[180-181]。其中,径向压应力有助于成拱作用,而如图 3-4 所示的水平压应力 T 增大了沿巷道轴向的一组裂隙的摩擦系数,从而提高了裂隙拱的"完整性",同时还增大了组合拱的厚度(图 3-1)。该支护结构能主动对巷道煤岩表面施加沿巷道径向的压应力,同时还能增大巷道煤岩表面沿巷道切向与轴向的压应力,将巷道表面岩体受力状态由二向应力状态恢复为三向应力状态;与锚网支护共同在围岩内部主动形成"壳体"承载结构,使围岩提早达到一个动态的应力平衡状态,减少了围岩达到平衡状态的时间,并使锚索之间中部的表面岩体成为受压应力区;既有普通锚索的悬吊作用,又可对巷道表面围岩起到兜护作用,达到控制巷道煤岩移动,抑制煤岩失稳、漏冒,合理支护巷道的目的。

图 3-4　三维锚索在围岩内形成的三向受压组合拱示意图

3.2　一般柱形壳的基本方程

　　壳体是指被两个几何曲面所限的物体,这两个曲面之间的距离称为壳体的厚度 h。当壳体的厚度远小于它的最小曲率半径,即 $h/R \leqslant 0.05$ 时,称之为薄壳。一般工程上所遇到的壳体常可按薄壳理论计算。柱形壳是在薄壳问题中常遇到的一类壳体,尤其是圆柱壳。它是柱形壳中最常用的一种。下面着重介绍一般柱形壳的基本方程。

　　柱形壳中曲面的某一部分如图 3-5 所示,其中 BC 为柱形壳母线方向,DE 为柱形壳准线方向。取母线作为 x 线,准线作为 φ 线,用 $R(\varphi)$ 表示柱形壳中曲面上任意一点的曲率半径。在壳体理论中,根据薄壳内的应力状态又可分为薄壳的无矩理论和弯矩理论。随后的分析主要依据这两种理论。

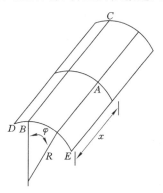

图 3-5　柱形壳中曲面的某一部分

3.2.1 柱形壳无矩理论的基本方程

薄壳的无矩理论是指壳体不能抵抗任何弯矩作用,外力只能由壳体的内力来承担,即在壳体内只存在薄膜内力,弯曲内力远小于薄膜内力。这种情况下壳体的静力平衡方程为[182-183]:

$$\left.\begin{array}{l} \dfrac{\partial N_x}{\partial x}+\dfrac{1}{R}\dfrac{\partial N_{x\varphi}}{\partial \varphi}+p_1=0 \\[2mm] \dfrac{1}{R}\dfrac{\partial N_\varphi}{\partial \varphi}+\dfrac{\partial N_{x\varphi}}{\partial x}+p_2=0 \\[2mm] N_\varphi+Rp_3=0 \end{array}\right\} \tag{3-1}$$

式中　R——柱形壳的中曲面的曲率半径;

$\quad\quad N_x,N_{x\varphi},N_\varphi$——柱形壳单位长度上的力,称之为薄膜内力;

$\quad\quad p_1,p_2,p_3$——壳体单位面积上沿母线(x 方向)、准线(φ 方向)及曲率方向(z 方向)的荷载集度。

壳体的几何方程与物理方程分别为:

$$\varepsilon_x=\frac{\partial u}{\partial x};\varepsilon_\varphi=\frac{1}{R}\frac{\partial v}{\partial \varphi}-\frac{w}{R};\gamma_{x\varphi}=\frac{\partial v}{\partial x}+\frac{1}{R}\frac{\partial u}{\partial \varphi} \tag{3-2}$$

$$N_x=\frac{Eh}{1-\mu^2}(\varepsilon_x+\mu\varepsilon_\varphi);N_\varphi=\frac{Eh}{1-\mu^2}(\varepsilon_\varphi+\mu\varepsilon_x);N_{x\varphi}=N_{\varphi x}=\frac{Eh}{2(1+\mu)}\gamma_{x\varphi}$$

$$\tag{3-3}$$

式中　u,v,w——壳体沿母线、准线及曲率方向的位移;

$\quad\quad E,\mu,h$——壳体的弹性模量、泊松比及厚度。

3.2.2 柱形壳弯矩理论的基本方程及其一般解法

薄壳由于荷载、支承以及其他各种原因,要完全实现薄膜应力状态实际上是不可能的,至少在边缘处附近总是要发生力矩和剪力的,因此薄壳的弯矩理论对于分析壳体的真实弹性性质是十分必要的。

考虑弯曲应力状态时,一般柱形壳的静力平衡方程为[182-183]:

$$\left.\begin{array}{l} R\dfrac{\partial N_x}{\partial x}+\dfrac{\partial N_{x\varphi}}{\partial \varphi}+Rp_1=0 \\[2mm] \dfrac{\partial N_\varphi}{\partial \varphi}+R\dfrac{\partial N_{x\varphi}}{\partial x}-\dfrac{1}{R}\dfrac{\partial M_\varphi}{\partial \varphi}-\dfrac{\partial M_{x\varphi}}{\partial x}+Rp_2=0 \\[2mm] R\dfrac{\partial^2 M_x}{\partial x^2}+2\dfrac{\partial^2 M_{x\varphi}}{\partial x\partial \varphi}+\dfrac{\partial}{\partial \varphi}\left(\dfrac{1}{R}\dfrac{\partial M_\varphi}{\partial \varphi}\right)+N_\varphi+Rp_3=0 \end{array}\right\} \tag{3-4}$$

式中　$M_x,M_\varphi,M_{x\varphi}$——柱形壳单位长度上的弯矩及扭矩,即弯曲内力。

几何关系及物理方程分别为：

$$\left.\begin{array}{l}\varepsilon_x=\dfrac{\partial u}{\partial x};\varepsilon_\varphi=\dfrac{1}{R}\dfrac{\partial v}{\partial \varphi}-\dfrac{w}{R};\gamma_{x\varphi}=\dfrac{\partial v}{\partial x}+\dfrac{1}{R}\dfrac{\partial u}{\partial \varphi};x_x=\dfrac{\partial^2 w}{\partial x^2}\\[3mm]x_\varphi=\dfrac{1}{R}\dfrac{\partial}{\partial \varphi}\left(\dfrac{v}{R}+\dfrac{1}{R}\dfrac{\partial w}{\partial \varphi}\right);x_{x\varphi}=\dfrac{1}{R}\left(\dfrac{\partial v}{\partial x}+\dfrac{\partial^2 w}{\partial x\partial \varphi}\right)\end{array}\right\}\tag{3-5}$$

$$\left.\begin{array}{l}N_x=\dfrac{Eh}{1-\mu^2}(\varepsilon_x+\mu\varepsilon_\varphi);N_\varphi=\dfrac{Eh}{1-\mu^2}(\varepsilon_\varphi+\mu\varepsilon_x)\\[3mm]N_{x\varphi}=N_{\varphi x}=\dfrac{Eh}{2(1+\mu)}\gamma_{x\varphi}\\[3mm]M_x=-D(x_x+\mu x_\varphi);M_\varphi=-D(x_\varphi+\mu x_x)\\[3mm]M_{x\varphi}=M_{\varphi x}=-D(1-\mu)x_{x\varphi}\end{array}\right\}\tag{3-6}$$

式中　$x_x,x_\varphi,x_{x\varphi}$——壳体在母线和准线上的曲率及扭率；

D——壳体的弯曲刚度，$D=\dfrac{Eh^3}{12(1-\mu^2)}$。

引入无量纲量 $\xi=\dfrac{x}{R}$，$\beta=\dfrac{h^2}{12R^2}$，并将式（3-5）、式（3-6）代入式（3-4）即可得用 3 个位移分量 u、v、w 来表示的平衡方程组：

$$\left.\begin{array}{l}\dfrac{\partial^2 u}{\partial \xi^2}+\dfrac{1-\mu}{2}\dfrac{\partial^2 u}{\partial \varphi^2}+\dfrac{1+\mu}{2}\dfrac{\partial^2 v}{\partial \xi\partial \varphi}-\mu\dfrac{\partial w}{\partial \xi}=-\dfrac{(1-\mu^2)R^2 p_1}{Eh}\\[3mm]\dfrac{1+\mu}{2}\dfrac{\partial^2 u}{\partial \xi\partial \varphi}+\dfrac{1-\mu}{2}\dfrac{\partial^2 v}{\partial \xi^2}+\dfrac{\partial^2 v}{\partial \varphi^2}-\dfrac{\partial w}{\partial \varphi}+\beta\left(\dfrac{\partial^3 w}{\partial \xi^2}+\dfrac{\partial^3 w}{\partial \varphi^3}\right)+\\[3mm]\beta\left[(1-\mu)\dfrac{\partial^2 v}{\partial \xi^2}+\dfrac{\partial^2 v}{\partial \varphi^2}\right]=-\dfrac{(1-\mu^2)R^2 p_2}{Eh}\\[3mm]\mu\dfrac{\partial u}{\partial \xi}+\dfrac{\partial v}{\partial \varphi}-w-\beta\left(\dfrac{\partial^4 w}{\partial \xi^4}+2\dfrac{\partial^4 w}{\partial \xi^2\partial \varphi^2}+\dfrac{\partial^4 w}{\partial \varphi^4}\right)-\\[3mm]\beta\left[(2-\mu)\dfrac{\partial^3 v}{\partial \xi^2\partial \varphi}+\dfrac{\partial^3 v}{\partial \varphi^3}\right]=-\dfrac{(1-\mu^2)R^2 p_3}{Eh}\end{array}\right\}\tag{3-7}$$

在给定的边界条件下，解这一组位移方程，即可得 3 个位移分量 u、v、w；再代入式（3-5）、式（3-6）即可得各内力。但在一般情况下，β 是个很小的数值，在此情况下，可将式（3-7）进一步简化为：

$$\left.\begin{array}{l}\dfrac{\partial^2 u}{\partial \xi^2}+\dfrac{1-\mu}{2}\dfrac{\partial^2 u}{\partial \varphi^2}+\dfrac{1+\mu}{2}\dfrac{\partial^2 v}{\partial \xi\partial \varphi}-\mu\dfrac{\partial w}{\partial \xi}=-\dfrac{(1-\mu^2)R^2 p_1}{Eh}\\[3mm]\dfrac{1+\mu}{2}\dfrac{\partial^2 u}{\partial \xi\partial \varphi}+\dfrac{1-\mu}{2}\dfrac{\partial^2 v}{\partial \xi^2}+\dfrac{\partial^2 v}{\partial \varphi^2}-\dfrac{\partial w}{\partial \varphi}=-\dfrac{(1-\mu^2)R^2 p_2}{Eh}\\[3mm]\mu\dfrac{\partial u}{\partial \xi}+\dfrac{\partial v}{\partial \varphi}-w-\beta\left(\dfrac{\partial^4 w}{\partial \xi^4}+2\dfrac{\partial^4 w}{\partial \xi^2\partial \varphi^2}+\dfrac{\partial^4 w}{\partial \varphi^4}\right)=-\dfrac{(1-\mu^2)R^2 p_3}{Eh}\end{array}\right\}\tag{3-8}$$

引入线性微分算子 L_{ij}：

$$\left. \begin{array}{l} L_{11}=\dfrac{\partial^2}{\partial \xi^2}+\dfrac{1-\mu}{2}\dfrac{\partial^2}{\partial \varphi^2}; L_{22}=\dfrac{1-\mu}{2}\dfrac{\partial^2}{\partial \xi^2}+\dfrac{\partial^2}{\partial \varphi^2}; L_{33}=1+\beta\nabla^2\nabla^2 \\[3mm] L_{12}=L_{21}=\dfrac{1+\mu}{2}\dfrac{\partial^2}{\partial \xi \partial \varphi}; L_{13}=L_{31}=-\mu\dfrac{\partial}{\partial \xi}; L_{23}=L_{32}=-\dfrac{\partial}{\partial \varphi} \end{array}\right\} \tag{3-9}$$

则式(3-8)可以写成如下的形式：

$$\left. \begin{array}{l} L_{11}u+L_{12}v+L_{13}w=-\dfrac{(1-\mu^2)R^2 p_1}{Eh} \\[3mm] L_{21}u+L_{22}v+L_{23}w=-\dfrac{(1-\mu^2)R^2 p_2}{Eh} \\[3mm] L_{31}u+L_{32}v+L_{33}w=-\dfrac{(1-\mu^2)R^2 p_3}{Eh} \end{array}\right\} \tag{3-10}$$

式(3-10)的全解可以写成齐次解加特解的形式。所谓特解就是指式(3-8)或式(3-10)的任何一个解。齐次解是指式(3-11)的通解：

$$\left. \begin{array}{l} L_{11}u+L_{12}v+L_{13}w=0 \\ L_{21}u+L_{22}v+L_{23}w=0 \\ L_{31}u+L_{32}v+L_{33}w=0 \end{array}\right\} \tag{3-11}$$

记

$$\det(A)=\begin{vmatrix} L_{11}, & L_{12}, & L_{13} \\ L_{21}, & L_{22}, & L_{23} \\ L_{31}, & L_{32}, & L_{33} \end{vmatrix} \tag{3-12}$$

引入一个位移函数 Φ，使：

$$u=\Delta_1\Phi; v=\Delta_2\Phi; w=\Delta_3\Phi \tag{3-13}$$

其中

$$\left. \begin{array}{l} \Delta_1=L_{12}L_{23}-L_{13}L_{22} \\ \Delta_2=L_{13}L_{21}-L_{11}L_{23} \\ \Delta_3=L_{11}L_{22}-L_{12}L_{21} \end{array}\right\} \tag{3-14}$$

则将式(3-14)代入式(3-13)，再代入式(3-11)，可得：

$$\left. \begin{array}{l} (L_{11}L_{12}L_{23}-L_{11}L_{13}L_{22}+L_{12}L_{13}L_{21}-L_{12}L_{11}L_{23}+L_{13}L_{11}L_{22}-L_{13}L_{12}L_{21})\Phi=0 \\ (L_{21}L_{12}L_{23}-L_{21}L_{13}L_{22}+L_{22}L_{13}L_{21}-L_{22}L_{11}L_{23}+L_{23}L_{11}L_{22}-L_{23}L_{12}L_{21})\Phi=0 \\ (L_{31}L_{12}L_{23}-L_{31}L_{13}L_{22}+L_{32}L_{13}L_{21}-L_{32}L_{11}L_{23}+L_{33}L_{11}L_{22}-L_{33}L_{12}L_{21})\Phi=0 \end{array}\right\} \tag{3-15}$$

显然，式(3-15)中的第一、第二个方程是恒等的，第三个方程则不是。

由式(3-9)、式(3-14)、式(3-13)可得：

$$\left.\begin{array}{l} u=-\dfrac{\partial^3 \Phi}{\partial \xi \partial \varphi^2}+\mu \dfrac{\partial^3 \Phi}{\partial \xi^3} \\[3mm] v=(2+\mu)\dfrac{\partial^3 \Phi}{\partial \xi^2 \partial \varphi}+\dfrac{\partial^3 \Phi}{\partial \varphi^3} \\[3mm] w=\dfrac{\partial^4 \Phi}{\partial \xi^4}+2\dfrac{\partial^4 \Phi}{\partial \xi^2 \partial \varphi^2}+\dfrac{\partial^4 \Phi}{\partial \varphi^4}=\nabla^2 \nabla^2 \Phi \end{array}\right\} \tag{3-16}$$

将式(3-9)中的有关算子以及式(3-16)代入式(3-15)的第三个方程,得到一个八阶偏微分方程如下:

$$\nabla^2 \nabla^2 \nabla^2 \nabla^2 \Phi+\frac{1-\mu^2}{\beta}\frac{\partial^4 \Phi}{\partial \xi^4}=0 \tag{3-17}$$

式(3-17)的通解就是式(3-8)的齐次解。

至于特解,在多数情况下可以直接由式(3-8)求得。设对应于① $p_1 \neq 0$, $p_2=0$,$p_3=0$;② $p_1=0$,$p_2 \neq 0$,$p_3=0$;③ $p_1=0$,$p_2=0$,$p_3 \neq 0$ 三种不同情形下的特解分别为 Φ_1、Φ_2、Φ_3,则式(3-8)的全解 F 应当是:

$$F=\Phi+\Phi_1+\Phi_2+\Phi_3 \tag{3-18}$$

其中,Φ 为齐次解,而特解 Φ_1、Φ_2、Φ_3 则分别由以下的方程组求得:

$$\left.\begin{array}{l} \nabla^2 \nabla^2 \nabla^2 \nabla^2 \Phi_1+\dfrac{1-\mu^2}{\beta}\dfrac{\partial^4 \Phi_1}{\partial \xi^4}=-\dfrac{a^4 p_1}{D} \\[3mm] \nabla^2 \nabla^2 \nabla^2 \nabla^2 \Phi_2+\dfrac{1-\mu^2}{\beta}\dfrac{\partial^4 \Phi_2}{\partial \xi^4}=-\dfrac{a^4 p_2}{D} \\[3mm] \nabla^2 \nabla^2 \nabla^2 \nabla^2 \Phi_3+\dfrac{1-\mu^2}{\beta}\dfrac{\partial^4 \Phi_3}{\partial \xi^4}=\dfrac{a^4 p_3}{D} \end{array}\right\} \tag{3-19}$$

相应的位移分量和内力分量结果如下:

$$\left.\begin{array}{l} u=-\dfrac{\partial^3 \Phi}{\partial \xi \partial \varphi^2}+\mu \dfrac{\partial^3 \Phi}{\partial \xi^3}+u^* \\[3mm] v=(2+\mu)\dfrac{\partial^3 \Phi}{\partial \xi^2 \partial \varphi}+\dfrac{\partial^3 \Phi}{\partial \varphi^3}+v^* \\[3mm] w=\dfrac{\partial^4 \Phi}{\partial \xi^4}+2\dfrac{\partial^4 \Phi}{\partial \xi^2 \partial \varphi^2}+\dfrac{\partial^4 \Phi}{\partial \varphi^4}+w^*=\nabla^2 \nabla^2 \Phi+w^* \end{array}\right\} \tag{3-20}$$

$$\left.\begin{array}{l} N_x=-\dfrac{Eh}{a}\dfrac{\partial^4 \Phi}{\partial \xi^2 \partial \varphi^2}+N_x^* \\[3mm] N_\varphi=-\dfrac{Eh}{a}\dfrac{\partial^4 \Phi}{\partial \xi^4}+N_\varphi^* \\[3mm] N_{x\varphi}=\dfrac{Eh}{a}\dfrac{\partial^4 \Phi}{\partial \xi^3 \partial \varphi}+N_{x\varphi}^* \end{array}\right\} \tag{3-21}$$

$$M_x = -\frac{D}{a^2}\left(\frac{\partial^2}{\partial\xi^2}+\mu\frac{\partial^2}{\partial\varphi^2}\right)\nabla^2\nabla^2\Phi+M_x^*$$

$$M_\varphi = -\frac{D}{a^2}\left(\frac{\partial^2}{\partial\varphi^2}+\mu\frac{\partial^2}{\partial\xi^2}\right)\nabla^2\nabla^2\Phi+M_\varphi^*$$

$$M_{x\varphi} = -\frac{D(1-\mu)}{a^2}\frac{\partial^2}{\partial\xi\partial\varphi}\nabla^2\nabla^2\Phi+M_{x\varphi}^* \qquad (3\text{-}22)$$

$$Q_x = -\frac{D}{a^3}\frac{\partial}{\partial\xi}\nabla^2\nabla^2\nabla^2\Phi+Q_x^*$$

$$Q_\varphi = -\frac{D}{a^3}\frac{\partial}{\partial\varphi}\nabla^2\nabla^2\nabla^2\Phi+Q_\varphi^*$$

以上各式中带有 * 号者为特解。

3.3　闭合圆柱壳理论

巷道全断面进行三维锚索支护后,在巷道围岩内将主动形成闭合的"壳体"承载结构,如图 3-6(a)所示。假设该结构主要承受覆岩荷载作用,且该荷载沿长度方向均匀分布,荷载方向垂直于柱形壳的轴线,那么在不考虑岩层之间相互摩擦的情况下,此荷载 $p_0=\gamma H$,H 为巷道埋深,如图 3-6(b)所示。下面分别依据无矩薄壳理论和圆柱壳弯矩理论分析该结构的内力分布及变形特征。

$$(a) \qquad\qquad (b)$$

图 3-6　闭合圆柱壳承载结构

3.3.1　无矩薄壳理论求解

由弧长 s 与倾角 φ 之间的关系 $\mathrm{d}s=R\mathrm{d}\varphi$ 可知,式(3-1)与式(3-2)可分别化为如下形式:

$$\frac{\partial N_x}{\partial x}+\frac{\partial N_{x\varphi}}{\partial s}+p_1=0$$

$$\frac{\partial N_\varphi}{\partial s}+\frac{\partial N_{x\varphi}}{\partial x}+p_2=0 \qquad (3\text{-}23)$$

$$N_\varphi+Rp_3=0$$

与

$$\varepsilon_x = \frac{\partial u}{\partial x}; \varepsilon_\varphi = \frac{\partial v}{\partial s} - \frac{w}{R}; \gamma_{x\varphi} = \frac{\partial v}{\partial x} + \frac{\partial u}{\partial s} \tag{3-24}$$

令

$$R = \frac{r_0}{(1 + \xi \sin^2 \varphi)^{\frac{3}{2}}} \tag{3-25}$$

其中 r_0 表示当 $\xi = 0$ 时圆的半径。

由式(3-23)可以直接求得

$$N_\varphi = -Rp_3 \tag{3-26}$$

由式(3-26)可知, N_φ 仅为 s 的函数,与边界条件无关。将 N_φ 代入式(3-23)中的第二个微分方程,并对 x 积分可得 $N_{x\varphi}$。最后将 $N_{x\varphi}$ 的表达式代入式(3-23)中的第一个微分方程,并对 x 积分可得 N_x。所得结果如下:

$$\left. \begin{array}{l} N_{x\varphi}(x,s) = -xF(s) + f_1(s) \\[2mm] N_x(x,s) = \dfrac{x^2}{2} F'(s) - x f'_1(s) + f_2(s) \end{array} \right\} \tag{3-27}$$

其中

$$F(s) = p_2(s) + N'_\varphi(s) \tag{3-28}$$

式(3-27)中, $f_1(s)$ 与 $f_2(s)$ 是两个积分常数,它们都是 s 的函数。

将式(3-27)代入式(3-2)可求得各应变分量,再代入式(3-24),通过对 x 积分可以求得各位移分量。所得结果如下:

$$\left. \begin{array}{l} Ehu = \dfrac{1}{6} x^3 F'(s) - \dfrac{1}{2} x^2 f'_1(s) + x[f_2(s) - \mu N_\varphi] + f_3(s) \\[3mm] Ehv = -\dfrac{1}{24} x^4 F''(s) + \dfrac{1}{6} x^3 f''_1(s) - \dfrac{1}{2} x^2 [2(1+\mu)F + f'_2(s) - \mu N''_\varphi] + \\[2mm] \qquad x[2(1+\mu)f_1(s) - f'_3(s)] + f_4(s) \\[3mm] \dfrac{Ehw}{R} = -\dfrac{1}{24} x^4 F''(s) + \dfrac{1}{6} x^3 f''_1(s) - \dfrac{1}{2} x^2 [2(1+\mu)F' + f''_2(s) - \mu N''_\varphi] + \\[2mm] \qquad x[2(1+\mu)f'_1(s) - f''_3(s)] + [f'_4(s) - N_\varphi + \mu f_2(s)] \end{array} \right\} \tag{3-29}$$

上式中, $f_3(s)$ 与 $f_4(s)$ 是两个积分常数,它们也都是 s 的函数。

将坐标原点设在柱形壳的中间靠上部分的 A 点,取柱形壳的长度为 l,并假设壳体两端的支承情形相同。因柱形壳所受荷载为:

$$p_1 = 0; p_2 = 0; p_3 = p_0 \tag{3-30}$$

由式(3-26)得 $N_\varphi = -\dfrac{r_0 p_0}{(1 + \xi \sin^2 \varphi)^{\frac{3}{2}}}$。

又因壳体两端支承情形相同，则有边界条件 $(N_{x\varphi})_{x=0}=0$。将此式代入式(3-27)，连同 N_φ 的表达式得：

$$f_1=0,\ N_{x\varphi}=-xF=-3p_0\xi x\frac{\sin\varphi\cos\varphi}{1+\xi\sin^2\varphi} \tag{3-31}$$

做进一步计算时，就要牵涉壳体两端的边界条件了。下面分两种情况进行讨论。

(1) 壳体两端曲线边缘简支

这种情况下，求解 N_x 所需的边界条件为：$(N_x)_{x=l/2}=0$。将其代入式(3-27)得到：

$$f_2=-\frac{l^2}{8}F',\ N_x=-\frac{1}{2}\left(\frac{l^2}{4}-x^2\right)F' \tag{3-32}$$

因

$$F'=\frac{1}{R}\frac{\mathrm{d}}{\mathrm{d}\varphi}\left(\frac{1}{R}\frac{\mathrm{d}N_\varphi}{\mathrm{d}\varphi}\right)=-\frac{3p_0\xi(1+\xi)\sin^2\varphi-\cos^2\varphi}{r_0\ (1+\xi\sin^2\varphi)^{\frac{1}{2}}} \tag{3-33}$$

故

$$N_x=\frac{3p_0\xi}{2r_0}\frac{(1+\xi)\sin^2\varphi-\cos^2\varphi}{(1+\xi\sin^2\varphi)^{\frac{1}{2}}}\left(\frac{l^2}{4}-x^2\right) \tag{3-34}$$

总之，柱形壳各内力表达式如下：

$$\left.\begin{array}{l}N_x=\dfrac{3p_0\xi}{2r_0}\dfrac{(1+\xi)\sin^2\varphi-\cos^2\varphi}{(1+\xi\sin^2\varphi)^{\frac{1}{2}}}\left(\dfrac{l^2}{4}-x^2\right)\\[12pt]N_\varphi=-\dfrac{r_0p_0}{(1+\xi\sin^2\varphi)^{\frac{3}{2}}}\\[12pt]N_{x\varphi}=-3p_0\xi x\dfrac{\sin\varphi\cos\varphi}{1+\xi\sin^2\varphi}\end{array}\right\} \tag{3-35}$$

根据式(3-29)，再加上以下两个边界条件：

$$(u)_{x=0}=0,\ (v)_{x=\pm l/2}=0 \tag{3-36}$$

可以求得柱形壳在承受均匀压力 p_0 情况下各位移分量的表达式：

$$\left.\begin{array}{l}Ehu=\dfrac{p_0\xi}{2r_0}x\left(\dfrac{3l^2}{4}-x^2\right)\dfrac{(1+\xi)\sin^2\varphi-\cos^2\varphi}{(1+\xi\sin^2\varphi)^{1/2}}+\mu r_0p_0x\dfrac{1}{(1+\xi\sin^2\varphi)^{3/2}}\\[12pt]Ehv=\dfrac{p_0\xi}{2}\left(\dfrac{l^2}{4}-x^2\right)\left\{\dfrac{1}{4r_0^2}\left(\dfrac{5l^2}{4}-x^2\right)\left[(4+3\xi)+\xi(2+\xi)\sin^2\varphi\right]+\dfrac{3(2+\mu)}{1+\xi\sin^2\varphi}\right\}\sin\varphi\cos\varphi\\[12pt]Ehw=\dfrac{p_0\xi}{8r_0^2}\left(\dfrac{l^2}{4}-x^2\right)\left(\dfrac{5l^2}{4}-x^2\right)(1+\xi\sin^2\varphi)\left[(4+3\xi)-4(2+\xi)\sin^2\varphi\right]+\\[12pt]\qquad 3p_0\xi\left(\dfrac{l^2}{4}-x^2\right)\dfrac{1-(2+\xi)\sin^2\varphi}{(1+\xi\sin^2\varphi)^2}+\dfrac{r_0^2p_0}{(1+\xi\sin^2\varphi)^3}\end{array}\right\} \tag{3-37}$$

（2）壳体两端曲线边缘固定

当柱形壳两端曲线边缘固定时，该问题是超静定的。相应地边界条件分别为：

$$① \ (N_{x\varphi})_{x=0}=0;② \ (u)_{x=0}=0;③ \ (u)_{x=\pm l/2}=0;④ \ (v)_{x=\pm l/2}=0 \quad (3\text{-}38)$$

因 N_φ 与边界条件无关，故 $N_\varphi=-Rp_3=-\dfrac{r_0 p_0}{(1+\xi\sin^2\varphi)^{\frac{3}{2}}}$。将此式代入式(3-28)可得：

$$F(s)=3p_0\xi\frac{\sin\varphi\cos\varphi}{1+\xi\sin^2\varphi} \quad (3\text{-}39)$$

由边界条件①及式(3-27)中的第一个表达式可得：

$$f_1=0,\ N_{x\varphi}=-xF=-3p_0\xi x\frac{\sin\varphi\cos\varphi}{1+\xi\sin^2\varphi} \quad (3\text{-}40)$$

将式(3-29)中的第一、第二个表达式代入边界条件②、③和④，有：

$$f_3=0;\ f_2=-\frac{1}{24}l^2F'+\mu N_\varphi;\ f_4=-\frac{1}{384}l^4F''+\frac{1+\mu}{4}l^2F \quad (3\text{-}41)$$

由式(3-27)第二个表达式可得：

$$N_x=-\frac{1}{2}\left(\frac{l^2}{12}-x^2\right)F'+\mu N_\varphi=\frac{3p_0\xi(1+\xi)\sin^2\varphi-\cos^2\varphi}{2r_0(1+\xi\sin^2\varphi)^{\frac{1}{2}}}\left(\frac{l^2}{12}-x^2\right)-\frac{\mu r_0 p_0}{(1+\xi\sin^2\varphi)^{\frac{3}{2}}}$$

$$(3\text{-}42)$$

即此时柱形壳各内力表达式如下：

$$\left.\begin{array}{l}N_x=\dfrac{3p_0\xi(1+\xi)\sin^2\varphi-\cos^2\varphi}{2r_0(1+\xi\sin^2\varphi)^{\frac{1}{2}}}\left(\dfrac{l^2}{12}-x^2\right)-\dfrac{\mu r_0 p_0}{(1+\xi\sin^2\varphi)^{\frac{3}{2}}} \\[4mm] N_\varphi=-\dfrac{r_0 p_0}{(1+\xi\sin^2\varphi)^{\frac{3}{2}}} \\[4mm] N_{x\varphi}=-3p_0\xi x\dfrac{\sin\varphi\cos\varphi}{1+\xi\sin^2\varphi}\end{array}\right\} \quad (3\text{-}43)$$

将求得的各积分常数代入式(3-29)得到：

$$\left.\begin{array}{l}Ehu=-\dfrac{1}{6}x\left(\dfrac{l^2}{4}-x^2\right)F' \\[4mm] Ehv=-\dfrac{1}{24}\left(\dfrac{l^2}{4}-x^2\right)^2\left(\dfrac{5l^2}{4}-x^2\right)F''+(1+\mu)\left(\dfrac{l^2}{4}-x^2\right)F \\[4mm] \dfrac{Ehw}{R}=-\dfrac{1}{24}\left(\dfrac{l^2}{4}-x^2\right)^2F'''+\left[\left(1+\dfrac{5}{6}\mu\right)\dfrac{l^2}{4}-\left(1+\dfrac{1}{2}\mu\right)x^2\right]F'-(1-\mu^2)N_\varphi\end{array}\right\}$$

$$(3\text{-}44)$$

再将 F 的各阶导数值代入以上方程组，不难得到柱形壳在承受均匀内压力

p_0 的情况下各位移分量的表达式：

$$
\left.
\begin{aligned}
Ehu &= \frac{p_0 \xi}{2r_0} x \left(\frac{l^2}{4} - x^2 \right) \frac{(1+\xi)\sin^2\varphi - \cos^2\varphi}{(1+\xi\sin^2\varphi)^{1/2}} \\
Ehv &= \frac{p_0 \xi}{2} \left(\frac{l^2}{4} - x^2 \right) \left\{ \frac{1}{4r_0^2} \left(\frac{l^2}{4} - x^2 \right) \left[(4+3\xi) + \xi(2+\xi)\sin^2\varphi \right] + \frac{6(1+\mu)}{1+\xi\sin^2\varphi} \right\} \sin\varphi\cos\varphi \\
Ehw &= \frac{p_0 \xi}{8r_0^2}(-x^2) 2(1+\xi\sin^2\varphi) \times \left[(4+3\xi) - 4(2+\xi)\sin^2\varphi \right] + 3p_0 \xi \left[\left(1 + \frac{5}{6}\mu \right) \frac{l^2}{4} - \right. \\
&\quad \left. \left(1 + \frac{1}{2}\mu \right) x^2 \right] \frac{1 - (2+\xi)\sin^2\varphi}{(1+\xi\sin^2\varphi)^2} + \frac{(1-\mu^2)r_0^2 p_0}{(1+\xi\sin^2\varphi)^3}
\end{aligned}
\right\}
$$

$$(3\text{-}45)$$

3.3.2 圆柱壳弯矩理论求解

仍对闭合圆柱壳承受均匀压力荷载作用情况，即

$$p_1 = 0; p_2 = 0; p_3 = p_0 = \gamma H \tag{3-46}$$

运用弯矩理论求解柱形壳的各内力表达式及各位移分量。

设圆柱壳半径为 $R=a$，由圆柱壳两端简支得：当 $\xi=0$ 与 $\xi=\xi_0=\dfrac{l}{a}$ 时，有：

$$v = w = N_x = M_x = 0 \tag{3-47}$$

由式(3-20)、式(3-21)、式(3-22)可知，上面 4 个边界条件相当于：

$$F = \frac{\partial^2 F}{\partial \xi^2} = \frac{\partial^4 F}{\partial \xi^4} = \frac{\partial^6 F}{\partial \xi^6} = 0 \tag{3-48}$$

下面采用双三角级数来解算。

设：

$$F = \sum_{n=0}^{\infty} \sum_{m=1}^{\infty} C_{mn} \cos n\varphi \sin \lambda_m \xi \tag{3-49}$$

其中，$\lambda_m = \dfrac{m\pi a}{l}$。

将荷载 p_3 也写成如下的双三角级数形式：

$$p_3 = \sum_m \sum_n D_{mn} \cos n\varphi \sin \lambda_m \xi \tag{3-50}$$

其中：

$$D_{m0} = -\frac{4p_0}{m\pi}; D_{m1} = -\frac{4\gamma a}{m\pi}; 当 n = 2,3,\cdots 和 m = 1,3,5\cdots 时, D_{mn} = 0$$

$$(3\text{-}51)$$

将式(3-49)与式(3-51)代入式(3-19)第三个式子，并比较等号两边同类项前边的系数可得：

$$C_{mn} = \frac{a^4}{D} \cdot \frac{D_{mn}}{(n^2 + \lambda_m^2)^4 + \frac{1-\mu^2}{\beta}\lambda_m^4} \qquad (3\text{-}52)$$

其中,D_{mn} 来自公式(3-51)。将式(3-52)代入式(3-49)可得:

$$F = \sum_{n=0,1} \sum_{m=1,3,5\cdots} \frac{a^4}{D} \cdot \frac{D_{mn}}{(n^2 + \lambda_m^2)^4 + \frac{1-\mu^2}{\beta}\lambda_m^4} \cos n\varphi \sin \lambda_m \xi \qquad (3\text{-}53)$$

将式(3-53)代入式(3-20)的第三个式子,得到的挠度表达式如下:

$$w = \nabla^2 \nabla^2 F = \sum_{n=0,1} \sum_{m=1,3,5\cdots} \frac{a^4}{D} \cdot \frac{(n^2 + \lambda_m^2)^2 D_{mn}}{(n^2 + \lambda_m^2)^4 + \frac{1-\mu^2}{\beta}\lambda_m^4} \cos n\varphi \sin \lambda_m \xi$$

$$(3\text{-}54)$$

3.4　开口圆柱壳理论

当巷道部分断面进行三维锚索支护,如顶板或顶板及两帮打设新型三维锚索后,在巷道围岩内主动形成的"壳体"承载结构将呈开口状。假设该结构承受的荷载与闭合圆柱壳时相同,下面分别依据无矩薄壳理论和圆柱壳弯矩理论分析该结构的内力分布及变形特征。

3.4.1　无矩薄壳理论求解

将圆柱壳所受荷载沿 x 方向(母线方向)展开为富里埃级数的形式,即:

$$p_1 = 0; p_2 = \sum_1^\infty p_{2,m}(\varphi) \sin \frac{m\pi x}{l}; p_3 = \sum_1^\infty p_{3,m}(\varphi) \sin \frac{m\pi x}{l} \qquad (3\text{-}55)$$

从式(3-1)可知,各内力应写成如下的富里埃级数的形式:

$$N_\varphi = \sum_1^\infty N_{\varphi,m}(\varphi) \sin \frac{m\pi x}{l}; N_{x\varphi} = \sum_0^\infty N_{x\varphi,m}(\varphi) \cos \frac{m\pi x}{l}; N_x = \sum_1^\infty N_{x,m}(\varphi) \sin \frac{m\pi x}{l}$$

$$(3\text{-}56)$$

并根据在 x 方向上的两个应力边界条件,检查式(3-56)是否完全满足这些条件。将式(3-55)与式(3-56)代入式(3-1)可得:

$$\left.\begin{aligned} N_{\varphi,m} &= -a p_{3,m} \\ N_{x\varphi,m} &= \frac{l}{m\pi}(-p'_{3,m} + p_{2,m}) \\ N_{x,m} &= -\frac{l^2}{m^2\pi^2 a}(-p''_{3,m} + p'_{2,m}) \end{aligned}\right\} \qquad (3\text{-}57)$$

将式(3-57)代入式(3-56),即得各内力的计算公式。

再将式(3-56)代入式(3-2),然后代入式(3-3),并进行积分,即可得 u,v,w 的 3 个位移分量表达式,其中的两个积分常数应按位移边界条件求得。

两端简支的开口圆柱壳承受外压荷载,将其展开为 x 方向上的富里埃级数:

$$p_1 = 0; p_2 = 0; p_3 = 4q_w \sin \varphi \sum_{m=1,3\cdots}^{\infty} \frac{1}{\pi m} \sin \frac{m\pi x}{l} \tag{3-58}$$

其内力分量为:

$$\left.\begin{aligned} N_\varphi &= -4q_w a \sin \varphi \sum_{m=1,3\cdots}^{\infty} \frac{1}{\pi m} \sin \frac{m\pi x}{l} \\ N_{x\varphi} &= -4q_w a \left(\frac{l}{a}\right) \cos \varphi \sum_{m=1,3\cdots}^{\infty} \frac{1}{\pi^2 m^2} \cos \frac{m\pi x}{l} \\ N_x &= -4q_w a \left(\frac{l}{a}\right)^2 \sin \varphi \sum_{m=1,3\cdots}^{\infty} \frac{1}{\pi^3 m^3} \sin \frac{m\pi x}{l} \end{aligned}\right\} \tag{3-59}$$

其位移分量为:

$$\left.\begin{aligned} u &= 4q_w a \cdot \frac{a}{Eh} \left(\frac{l}{a}\right)^3 \sin \varphi \sum_{m=1,3\cdots}^{\infty} \frac{1}{\pi^4 m^4} \cos \frac{m\pi x}{l} \\ v &= -4q_w a \cdot \frac{a}{Eh} \left(\frac{l}{a}\right)^4 \cos \varphi \sum_{m=1,3\cdots}^{\infty} \left[1 + 2\pi^2 m^2 \left(\frac{a}{l}\right)^2\right] \frac{1}{\pi^5 m^5} \sin \frac{m\pi x}{l} \\ w &= 4q_w a \cdot \frac{a}{Eh} \left(\frac{l}{a}\right)^4 \sin \varphi \sum_{m=1,3\cdots}^{\infty} \left[1 + 2\pi^2 m^2 \left(\frac{a}{l}\right)^2 + \frac{\pi^4 m^4}{6} \left(\frac{a}{l}\right)^4\right] \frac{1}{\pi^5 m^5} \sin \frac{m\pi x}{l} \end{aligned}\right\} \tag{3-60}$$

3.4.2 圆柱壳弯矩理论求解

设该开口圆柱壳的四边是简支的,半径 $R=a$,张开角为 φ_0,并承受如下的荷载:

$$p_1 = p_2 = 0; p_3 = p_3(\xi, \varphi) \tag{3-61}$$

因此在其两端的曲线边缘,亦即在 $\xi=0$ 或 $\xi=\xi_0=\frac{l}{a}$ 处有:

$$w=0; v=0; N_x=0; M_x=0 \tag{3-62}$$

在其两边的直线边缘,亦即在 $\varphi=0$ 与 $\varphi=\varphi_0$ 处有:

$$w=0; v=0; N_\varphi=0; M_\varphi=0 \tag{3-63}$$

应用双三角级数解法求解方程式(3-64),即

$$\nabla^2 \nabla^2 \nabla^2 \nabla^2 F + \frac{1-\mu^2}{\beta} \frac{\partial^4 F}{\partial \xi^4} = \frac{a^4 p_3}{D} \tag{3-64}$$

将式(3-64)中的位移函数 F 写成如下的双三角级数形式：

$$F = \sum_\infty \sum_\infty A_{mn} \sin \lambda_m \xi \sin \frac{n\pi\varphi}{\varphi_0} \qquad (3-65)$$

根据式(3-20)、式(3-21)、式(3-22)可知上面所假设的级数已经满足了全部边界条件。

为了使式(3-65)也能满足式(3-64)，还必须将荷载 p_3 也展开为双三角级数形式：

$$p_3(\xi,\varphi) = \sum_\infty \sum_\infty q_{mn} \sin \lambda_m \xi \sin \frac{n\pi\varphi}{\varphi_0} \qquad (3-66)$$

将式(3-65)与式(3-66)代入式(3-64)，比较等号两边的同类项系数后，可得：

$$\left.\begin{aligned} A_{mn} &= \frac{q_{mn}a^4}{D} \frac{1}{(\lambda_m^2 + \gamma_n^2) + 4\alpha^4\lambda_m^4} \\ \gamma_n &= \frac{n\pi}{\varphi_0} \end{aligned}\right\} \qquad (3-67)$$

上式中的富里埃系数 q_{mn} 由下式求得：

$$q_{mn} = \frac{4}{\xi_0\varphi_0} \int_0^{\xi_0} \int_0^{\varphi_0} p_3(\xi,\varphi) \sin \lambda_m \xi \sin \gamma_n \varphi \, d\xi d\varphi \qquad (3-68)$$

将式(3-67)代入式(3-65)，得：

$$F(\xi,\varphi) = \sum_\infty \sum_\infty \frac{q_{mn}a^4}{D} \frac{\sin \lambda_m \xi \sin \gamma_n \varphi}{(\lambda_m^2 + \gamma_n^2)^4 + 4\alpha^4\lambda_m^4} \qquad (3-69)$$

为了求得位移分量与内力分量，可将式(3-69)代入式(3-20)、式(3-21)、式(3-22)。挠度 w 的表达式可由式(3-20)第三个式子得到：

$$w(\xi,\varphi) = \sum_\infty \sum_\infty \frac{q_{mn}a^4}{D} \frac{(\lambda_m^2 + \gamma_n^2)^2}{(\lambda_m^2 + \gamma_n^2)^4 + 4\alpha^4\lambda_m^4} \sin \lambda_m \xi \sin \gamma_n \varphi \qquad (3-70)$$

其余可类推。

3.5 加劲开口圆柱壳理论

新型三维锚索支护技术在巷道围岩内部形成的结构可简化为如图 3-7 所示的加劲开口圆柱壳。这种正交异性圆柱壳的特点在于圆柱壳的内侧加用间距较小的圆环或纵梁，或两者兼用，其目的在于增大圆柱壳的劲度。

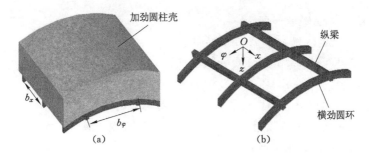

图 3-7　加劲圆柱壳及劲梁结构

利用几何关系与物理方程可以得到用位移分量来表示的各内力公式,即

$$
\left.
\begin{aligned}
N_x &= K_x\frac{1}{a}\frac{\partial u}{\partial \xi}+\frac{K_\mu}{a}\left(\frac{\partial v}{\partial \varphi}-w\right)-\frac{S_x}{a^2}\frac{\partial^2 w}{\partial \xi^2} \\[2mm]
N_\varphi &= \frac{K_x}{a}\left(\frac{\partial v}{\partial \varphi}-w\right)+\frac{K_\mu}{a}\frac{\partial u}{\partial \xi}-\frac{S_\varphi}{a^2}\frac{\partial^2 w}{\partial \varphi^2} \\[2mm]
N_{x\varphi} &= \frac{K_{x\varphi}}{a}\left(\frac{\partial v}{\partial \xi}+\frac{\partial u}{\partial \varphi}\right) \\[2mm]
M_x &= -\left[D_x\frac{1}{a^2}\frac{\partial^2 w}{\partial \xi^2}+D_\mu\frac{1}{a^2}\frac{\partial}{\partial \varphi}\left(v+\frac{\partial w}{\partial \varphi}\right)\right] \\[2mm]
M_\varphi &= -\left[D_\varphi\frac{1}{a^2}\frac{\partial}{\partial \varphi}\left(v+\frac{\partial w}{\partial \varphi}\right)+D_\mu\frac{1}{a^2}\frac{\partial^2 w}{\partial \xi^2}\right] \\[2mm]
M_{x\varphi} &= -D_{x\varphi}\frac{1}{a^2}\left(\frac{\partial v}{\partial \xi}+\frac{\partial^2 w}{\partial \xi\partial \varphi}\right) \\[2mm]
M_{\varphi x} &= -D_{\varphi x}\frac{1}{a^2}\left(\frac{\partial u}{\partial \varphi}+\frac{\partial^2 w}{\partial \xi\partial \varphi}\right)
\end{aligned}
\right\}
\tag{3-71}
$$

其中:

$$
\left.
\begin{aligned}
K_x &= \frac{Eh}{1-\mu^2}+\frac{EA_x}{b_\varphi};\quad K_\varphi = \frac{Eh}{1-\mu^2}+\frac{EA_\varphi}{b_x} \\[2mm]
K_\mu &= \frac{Eh\mu}{1-\mu^2};\quad K_{x\varphi} = \frac{Eh}{2(1+\mu)} \\[2mm]
S_x &= \frac{EA_x e_x}{b_\varphi};\quad S_\varphi = \frac{EA_\varphi e_\varphi}{b_x};\quad D_\mu = \frac{Eh^3\mu}{12(1-\mu^2)} \\[2mm]
D_x &= \frac{Eh^3}{12(1-\mu^2)}+\frac{E(I_x+A_x e_x^2)}{b_\varphi} \\[2mm]
D_\varphi &= \frac{Eh^3}{12(1-\mu^2)}+\frac{E(I_\varphi+A_\varphi e_\varphi^2)}{b_x} \\[2mm]
D_{x\varphi} &= \frac{Eh^3}{12(1+\mu)}+\frac{GJ_x}{b_\varphi};\quad D_{\varphi x} = \frac{Eh^3}{12(1+\mu)}+\frac{GJ_\varphi}{b_x}
\end{aligned}
\right\}
\tag{3-72}
$$

式中　　A_x——纵梁截面面积；

A_φ——横劲圆环的截面面积；

I_x,J_x——纵梁的惯性矩和极惯性矩；

I_φ,J_φ——横劲圆环的惯性矩和极惯性矩；

e_x——纵梁截面与壳体中曲面之间的偏心距；

e_φ——横劲圆环截面与壳体中曲面之间的偏心距；

a——壳体曲率半径；

b_x——相邻横劲圆环截面中心之间的壳体长度；

b_φ——相邻纵梁截面中心之间的壳体弧长。

将上述关系式代入式(3-4)就可得到以 u,v,w 3 个位移分量来表示的 3 个位移方程，但求解相对烦琐。由于圆柱壳横向的刚度较纵向的刚度大得多，横劲圆环的作用远比纵梁的作用大，因此，可以略去 M_x、Q_x 和 $M_{x\varphi}$。另一方面，横劲圆环在 φ 方向内的伸缩很小，其对内力的影响可以略去，并且可以认为在变形后，其剪切角并不改变，亦即可以略去 ε_φ 与 $\gamma_{x\varphi}$ 的影响。综上所述，有以下假定：

$$\left.\begin{array}{l} ①\ M_x=0;Q_x=0;M_{x\varphi}=0 \\ ②\ \varepsilon_\varphi=0;\gamma_{x\varphi}=0 \end{array}\right\} \tag{3-73}$$

若荷载在 x 方向上没有分量，即 $p_1=0$，则根据假设式(3-73)，式(3-4)可简化为：

$$\left.\begin{array}{l} \dfrac{\partial N_x}{\partial \xi}+\dfrac{\partial N_{x\varphi}}{\partial_\varphi}=0 \\[3mm] \dfrac{\partial N_\varphi}{\partial \varphi}+\dfrac{\partial N_{x\varphi}}{\partial \xi}-Q_\varphi+aP_2=0 \\[3mm] \dfrac{\partial Q_\varphi}{\partial \varphi}+N_\varphi+aP_3=0 \\[3mm] \dfrac{\partial M_\varphi}{\partial \varphi}-aQ_\varphi=0 \end{array}\right\} \tag{3-74}$$

在式(3-74)中，从第四个式子消去 Q_φ，代入第三个式子消去 N_φ，再由第一个式子消去 $N_{x\varphi}$，最后由第二个式子得出：

$$\left.\begin{array}{l} L(M_\varphi)+a\,\dfrac{\partial^2 N_x}{\partial \xi^2}=a^2 P \\[3mm] P=\dfrac{\partial}{\partial \varphi}\Big(p_2-\dfrac{\partial P_s}{\partial \varphi}\Big) \end{array}\right\} \tag{3-75}$$

其中，P_s 表示载荷分布函数，L 为微分算子，即

$$L=\frac{\partial^2}{\partial \varphi^2}\Big(1+\frac{\partial^2}{\partial \varphi^2}\Big) \tag{3-76}$$

将加劲圆柱壳的相关参数代入刚度表达式,再略去内力表达式中 u、v 各项,并利用式(3-73)中的假设②,不难由式(3-5)的第一、二、三个式子和式(3-71)的有关各式得出如下一个应变连续性方程:

$$L(N_x) - \frac{K_x a}{D_\varphi} \frac{\partial^2 M_\varphi}{\partial \xi^2} - \frac{K_x}{a} \frac{\partial^2 w}{\partial \xi^2} = 0 \qquad (3\text{-}77)$$

按假设式(3-73)中的 $M_x = 0$,应有 $\frac{\partial^2 w}{\partial \xi^2} = 0$,故上式中的最后一项为零。将式(3-77)和式(3-75)合并,得到了一组关于这种最简单的正交异性圆柱壳的基本方程组:

$$\left.\begin{array}{c} a \dfrac{\partial^2 N_x}{\partial \xi^2} + L(M_\varphi) = a^2 P \\[2mm] L(M_x) - \dfrac{K_x a}{D_x} \dfrac{\partial^2 M_\varphi}{\partial \xi^2} = 0 \end{array}\right\} \qquad (3\text{-}78)$$

其齐次方程组为:

$$\left.\begin{array}{c} a \dfrac{\partial^2 N_x}{\partial \xi^2} + L(M_\varphi) = 0 \\[2mm] L(N_x) - \dfrac{K_x a}{D_\varphi} \dfrac{\partial^2 M_\varphi}{\partial \xi^2} = 0 \end{array}\right\} \qquad (3\text{-}79)$$

引入一个应力函数 $F(\xi, \varphi)$,使

$$N_x = L(F) = \left(1 + \frac{\partial^2}{\partial \varphi^2}\right) \frac{\partial^2 F}{\partial \varphi^2} \qquad (3\text{-}80)$$

于是由式(3-78)的第一个式子可得:

$$M_\varphi = -a \frac{\partial^2 F}{\partial \xi^2} \qquad (3\text{-}81)$$

将式(3-81)和式(3-80)代入式(3-74),从而得出以应力函数 $F(\xi, \varphi)$ 来表示的全部内力公式,即

$$\left.\begin{array}{c} N_x = L(F) = \left(1 + \dfrac{\partial^2}{\partial \varphi^2}\right) \dfrac{\partial^2 F}{\partial \varphi^2} ; N_{x\varphi} = -\left(1 + \dfrac{\partial^2}{\partial \varphi^2}\right) \dfrac{\partial^2 F}{\partial \xi \partial \varphi} \\[3mm] N_\varphi = \dfrac{\partial^4 F}{\partial \xi \partial \varphi^2} ; M_\varphi = -a \dfrac{\partial^2 F}{\partial \xi^2} ; Q_\varphi = -\dfrac{\partial^3 F}{\partial \xi^2 \partial \varphi} \end{array}\right\} \qquad (3\text{-}82)$$

则式(3-79)可合并成一个 8 阶的偏微分方程:

$$LL(F) + \frac{K_x a^2}{D_\varphi} \frac{\partial^4 F}{\partial \varphi^4} = 0 \qquad (3\text{-}83)$$

其中

$$\beta' = \frac{D_\varphi}{K_x a^2} = \frac{h^2}{12a^2} + \frac{I_\varphi + A_\varphi e_\varphi^2}{b_x h a^2} \qquad (3\text{-}84)$$

于是正交异性圆柱壳的齐次问题归结为在给定的边界条件下求式(3-83)的

通解。

利用分离变量法来解式(3-83)。设：

$$F(\xi,\varphi) = \sum_n \Phi_n(\varphi) Z_n(\xi) \tag{3-85}$$

将该式代入式(3-83)可得：

$$\frac{Z_n^{IV}}{Z_n} = -\frac{\beta' LL(\Phi_n)}{\Phi_n} = \alpha_n^4 = \text{const} \tag{3-86}$$

将 M_φ 写成如下的形式：

$$M^*(\xi,\varphi) = \sum_n M_n^*(\varphi) X_n(\xi) \tag{3-87}$$

并令

$$Z_n(\xi) = X''_n(\xi) \tag{3-88}$$

则根据式(3-83)的第四个式子和式(3-86)，或直接由式(3-85)可知：

$$F(\xi,\varphi) = \sum_n \Phi_n(\varphi) X''_n(\xi) \tag{3-89}$$

将该式代入式(3-83)，然后利用位移分量的表达式可得：

$$\left. \begin{aligned} &M^*(\xi,\varphi) = M_n^*(\varphi) \cdot X_n(\xi); u^*(\xi,\varphi) = U_n^*(\varphi) \cdot X'_n(\xi) \\ &N_x^*(\xi,\varphi) = N_{x,n}^*(\varphi) \cdot X''_n(\xi); N_\varphi^*(\xi,\varphi) = N_{\varphi,n}^*(\varphi) \cdot X''_n(\xi) \\ &Q_\varphi^*(\xi,\varphi) = Q_{\varphi,n}^*(\varphi) \cdot X_n(\xi) \end{aligned} \right\} \tag{3-90}$$

由式(3-86)及式(3-90)之间各次微分的关系可知，$X_n(\xi)$ 的各次微分之间存在着关系：

$$X_n^{IV} - \alpha_n^4 X_n = 0 \tag{3-91}$$

其中：

$$\alpha_n = \frac{m_n a}{l} \tag{3-92}$$

满足式(3-91)的函数就是著名的雷赖函数。这方程的解可以写成：

$$X_n(\xi) = A\text{ch }\alpha_n\xi + B\text{sh }\alpha_n\xi + C\cos \alpha_n\xi + D\sin \alpha_n\xi \tag{3-93}$$

为了计算上的方便，引入一些新的常数：

$$\left. \begin{aligned} A &= -\frac{1}{2}(C_1 + C_3); B = \frac{1}{2}(C_2 + C_4) \\ C &= \frac{1}{2}(C_1 - C_3); D = \frac{1}{2}(C_2 - C_4) \end{aligned} \right\} \tag{3-94}$$

将上式代入式(3-93)后，得：

$$X_n(\xi) = C_1 A_{\alpha_n\xi} + C_2 B_{\alpha_n\xi} + C_3 C_{\alpha_n\xi} + C_4 D_{\alpha_n\xi} \tag{3-95}$$

其中：

$$
\left.
\begin{aligned}
A_{\alpha_n\xi} &= \frac{1}{2}(\operatorname{ch}\alpha_n\xi + \cos\alpha_n\xi) \\
B_{\alpha_n\xi} &= \frac{1}{2}(\operatorname{sh}\alpha_n\xi + \sin\alpha_n\xi) \\
C_{\alpha_n\xi} &= \frac{1}{2}(\operatorname{ch}\alpha_n\xi - \cos\alpha_n\xi) \\
D_{\alpha_n\xi} &= \frac{1}{2}(\operatorname{sh}\alpha_n\xi - \sin\alpha_n\xi)
\end{aligned}
\right\}
\tag{3-96}
$$

这些函数的数值可以查表得到，并且它们之间存在着以下的微分关系：

$$
A'_{\alpha_n\xi} = \alpha_n D_{\alpha_n\xi};\ B'_{\alpha_n\xi} = \alpha_n A_{\alpha_n\xi};\ C'_{\alpha_n\xi} = \alpha_n B_{\alpha_n\xi};\ D'_{\alpha_n\xi} = \alpha_n C_{\alpha_n\xi}
\tag{3-97}
$$

因此，由式(3-90)可得：

$$
\left.
\begin{aligned}
M^*(\xi,\varphi) &= M_n^*(\varphi)\left[C_1 A_{\alpha_n\xi} + C_2 B_{\alpha_n\xi} + C_3 C_{\alpha_n\xi} + C_4 D_{\alpha_n\xi}\right] \\
u^*(\xi,\varphi) &= U_n^* \cdot \alpha_n\left[C_1 D_{\alpha_n\xi} + C_2 A_{\alpha_n\xi} + C_3 B_{\alpha_n\xi} + C_4 C_{\alpha_n\xi}\right] \\
N_x^*(\xi,\varphi) &= N_{x,n}^*(\varphi)\cdot\alpha_n^2\left[C_1 C_{\alpha_n\xi} + C_2 D_{\alpha_n\xi} + C_3 A_{\alpha_n\xi} + C_4 B_{\alpha_n\xi}\right] \\
N_{x\varphi}^*(\xi,\varphi) &= N_{x\varphi,n}^*(\varphi)\cdot\alpha_n^3\left[C_1 B_{\alpha_n\xi} + C_2 C_{\alpha_n\xi} + C_3 D_{\alpha_n\xi} + C_4 A_{\alpha_n\xi}\right]
\end{aligned}
\right\}
\tag{3-98}
$$

设 $\xi=0$ 时 X_n 的各阶初参数为 $X_n(0)$，$X'_n(0)$，$X''_n(0)$，$X'''_n(0)$，因为当 $\xi=0$ 时，$A_{\alpha_n\xi}=1$，$B_{\alpha_n\xi}=C_{\alpha_n\xi}=D_{\alpha_n\xi}=0$，故式(3-98)可写为：

$$
\left.
\begin{aligned}
M^*(\xi,\varphi) &= M_n^*(\varphi)\left[X_n(0)A_{\alpha_n\xi} + X'_n(0)\frac{1}{\alpha_n}B_{\alpha_n\xi} + X''_n(0)\frac{1}{\alpha_n^2}C_{\alpha_n\xi} + X'''_n(0)\frac{1}{\alpha_n^3}D_{\alpha_n\xi}\right] \\
u^*(\xi,\varphi) &= U_n^*(\varphi)\left[X_n(0)\cdot\alpha_n D_{\alpha_n\xi} + X'_n(0)A_{\alpha_n\xi} + X''_n(0)\frac{1}{\alpha_n}B_{\alpha_n\xi} + X'''_n(0)\frac{1}{\alpha_n^2}C_{\alpha_n\xi}\right] \\
N_x^*(\xi,\varphi) &= N_{x,n}^*(\varphi)\left[X_n(0)\cdot\alpha_n^2 C_{\alpha_n\xi} + X'_n(0)\cdot\alpha_n D_{\alpha_n\xi} + X''_n(0)A_{\alpha_n\xi} + X'''_n(0)\frac{1}{\alpha_n}B_{\alpha_n\xi}\right] \\
N_{x\varphi}^*(\xi,\varphi) &= N_{x\varphi,n}^*(\varphi)\left[X_n(0)\cdot\alpha_n^3 B_{\alpha_n\xi} + X'_n(0)\cdot\alpha_n^2 C_{\alpha_n\xi} + X''_n(0)\cdot\alpha_n D_{\alpha_n\xi} + X'''_n(0)A_{\alpha_n\xi}\right]
\end{aligned}
\right\}
$$

$$
\tag{3-99}
$$

由式(3-99)，并按给定的圆柱壳两端曲线边缘的边界条件，即可求得式(3-92)中的参数 m_n，于是由上面的方程求得 $X_n(\xi)$。以下就几种不同的支承情况加以讨论。

(1) 两端简支

两端简支的边界条件为：

$$
\left.
\begin{aligned}
&① \ \text{当}\ \xi=0\ \text{时}，M^*=N_x^*=0，\text{即}\ X_n(0)=X''_n(0)=0 \\
&② \ \text{当}\ \xi=\xi_0=\frac{l}{a}\ \text{时}，M^*=N_n^*=0，\text{即}\ X_n\left(\frac{l}{a}\right)=X''_n\left(\frac{l}{a}\right)=0
\end{aligned}
\right\}
\tag{3-100}
$$

将式(3-99)代入上述边界条件，得：

$$X'_n(0)\frac{1}{\alpha_n}B_{\alpha_n\xi_0}+X'''_n(0)\frac{1}{\alpha_n^3}D_{\alpha_n\xi_0}=0 \left.\begin{array}{l}\\\\\\\\\end{array}\right\} \tag{3-101}$$

$$X'_n(0)\alpha_n D_{\alpha_n\xi_0}+X'''_n(0)\frac{1}{\alpha_n}B_{\alpha_n\xi_0}=0$$

上述方程组的系数行列式计算结果必为 0,即

$$\begin{vmatrix} \dfrac{1}{\alpha_n}B_{\alpha_n\xi_0}, & \dfrac{1}{\alpha_n^3}D_{\alpha_n\xi_0} \\[2mm] \alpha_n D_{\alpha_n\xi_0}, & \dfrac{1}{\alpha_n}B_{\alpha_n\xi_0} \end{vmatrix}=0 \text{ 或 } B_{\alpha_n\xi_0}^2-D_{\alpha_n\xi_0}^2=0 \tag{3-102}$$

代入 $B_{\alpha_n\xi_0}$、$D_{\alpha_n\xi_0}$ 值后,得:

$$(\mathrm{sh}\,\alpha_n\xi_0+\sin\alpha_n\xi_0)^2-(\mathrm{sh}\,\alpha_n\xi_n-\sin\alpha_n\xi_0)^2=0 \tag{3-103}$$

亦即

$$\mathrm{sh}\,\alpha_n\xi_0\sin\alpha_n\xi_0=0 \tag{3-104}$$

当 $\alpha_n\neq0$ 时,$\mathrm{sh}\,\alpha_n\xi_0\neq0$,故必有:$\sin\alpha_n\xi_0=\sin m_n=0$ 或 m_n 为 $m_1=\pi$,$m_2=2\pi$,$m_3=3\pi$,$\cdots$,$m_n=n\pi$。

故有:

$$X_n(\xi)=\sin\alpha_n\xi=\sin\frac{n\pi x}{l} \tag{3-105}$$

(2) 两端固定

两端固定的边界条件为:

$$\begin{array}{l} \text{① 当 } \xi=0 \text{ 时},M^*=u^*=0,\text{即 } X_n(0)=X'_n(0)=0 \\[2mm] \text{② 当 } \xi=\xi_0=\dfrac{l}{a} \text{ 时},M^*=u^*=0,\text{即 } X_n(\xi_0)=X'_n(\xi_0)=0 \end{array}\left.\right\} \tag{3-106}$$

由式(3-99)得:

$$\begin{vmatrix} \dfrac{1}{\alpha_n^2}C_{\alpha_n\xi_0}, & \dfrac{1}{\alpha_n^3}D_{\alpha_n\xi_0} \\[2mm] \dfrac{1}{\alpha_n}B_{\alpha_n\xi_0}, & \dfrac{1}{\alpha_n^2}C_{\alpha_n\xi_0} \end{vmatrix}=0 \text{ 或 } C_{\alpha_n\xi_0}^2-B_{\alpha_n\xi_0}D_{\alpha_n\xi_0}=0 \tag{3-107}$$

故有:

$$(\mathrm{ch}\,\alpha_n\xi_0-\cos\alpha_n\xi_0)^2-(\mathrm{sh}^2\,\alpha_n\xi_0-\sin^2\alpha_n\xi_0)=0 \tag{3-108}$$

特征方程为:

$$\mathrm{ch}\,m_n\cos m_n=1 \tag{3-109}$$

这方程的根 m_n 为:$4.730,7.853,10.996,14.137,\cdots,\dfrac{2n+1}{2}\pi$。

故有:

$$X_n(\xi) = \sin \alpha_n \xi - \sh \alpha_n \xi - \lambda_n(\cos \alpha_n \xi - \ch \alpha_n \xi) \left.\right\}$$
$$\lambda_n = \frac{\sin m_n - \sh m_n}{\cos m_n - \ch m_n}$$

(3-110)

(3) 一端简支,另一端固定

其边界条件为:

① 当 $\xi = 0$ 时, $M^* = N_x^* = 0$, 即 $X_n(0) = X''_n(0) = 0$

② 当 $\xi = \xi_0 = \dfrac{l}{a}$ 时, $M^* = u^* = 0$, 即 $X_n(\xi_0) = X'_n(\xi_0) = 0$

(3-111)

与其相对应的特征方程为:

$$\tg m_n = \th m_n \tag{3-112}$$

它的根 m_n 为:$3.927, 7.069, 10.210, 13.352, \cdots, \dfrac{4n+1}{4}\pi$。

故有:

$$X_n(\xi) = \sin \alpha_n \xi - \lambda_n \sh \alpha_n \xi \left.\right\}$$
$$\lambda_n = \frac{\sin m_n}{\sh m_n}$$

(3-113)

式(3-89)中有关 φ 的函数 $\Phi_n(\varphi)$ 的表达式为:

$$\Phi_n(\varphi) = C_1\Phi_1 + C_2\Phi_2 + C_3\Phi_3 + C_4\Phi_4 + C_5\Phi_5 + C_6\Phi_6 + C_7\Phi_7 + C_8\Phi_8$$

(3-114)

其中:

$$\begin{aligned}
&\Phi_1 = \ch(a_n\varphi)\sin(b_n\varphi); \Phi_3 = \sh(a_n\varphi)\cos(b_n\varphi) \\
&\Phi_5 = \ch(c_n\varphi)\sin(d_n\varphi); \Phi_7 = \sh(c_n\varphi)\cos(d_n\varphi) \\
&\Phi_2 = \ch(a_n\varphi)\cos(b_n\varphi); \Phi_4 = \sh(a_n\varphi)\sin(b_n\varphi) \\
&\Phi_6 = \ch(c_n\varphi)\cos(d_n\varphi); \Phi_8 = \sh(c_n\varphi)\sin(d_n\varphi) \\
&a_n = \frac{1}{2}\sqrt{A_n - 1 + \sqrt{(A_n-1)^2 + B_n^2}} \\
&b_n = \frac{1}{2}\sqrt{-(A_n-1) + \sqrt{(A_n-1)^2 + B_n^2}} \\
&c_n = \frac{1}{2}\sqrt{-(A_n+1) + \sqrt{(A_n+1)^2 + B_n^2}} \\
&d_n = \frac{1}{2}\sqrt{A_n + 1 + \sqrt{(A_n+1)^2 + B_n^2}} \\
&A_n = \frac{1}{\sqrt{2}}\sqrt{1 + \sqrt{1 + 16\gamma_n}}; B_n = \frac{1}{\sqrt{2}}\sqrt{-1 + \sqrt{1 + 16\gamma_n}} \\
&\gamma_n = \frac{\alpha_n^4}{\beta}
\end{aligned}$$

(3-115)

由此得到式（3-83）的齐次解 $F(\xi,\varphi)$，代入式（3-82）可得出用应力函数 $F(\xi,\varphi)$ 表示的全部内力，再结合圆柱壳的几何方程和物理方程，求得加劲开口圆柱壳的位移分量 u、v、w。将齐次解与特解叠加，即得到加劲开口圆柱壳在外荷载作用下的全解。其内力与位移分量表达式如下：

$$N_{x\varphi}(\xi,\varphi) = \sum_n \sqrt{\gamma_n}\left[\frac{a_n\Phi_2+b_n\Phi_4}{a_n^2+b_n^2}C_1 - \frac{a_n\Phi_1-b_n\Phi_3}{a_n^2+b_n^2}C_2 - \frac{a_n\Phi_4-b_n\Phi_2}{a_n^2+b_n^2}C_3 + \frac{a_n\Phi_3+b_n\Phi_1}{a_n^2+b_n^2}C_4 - \right.$$
$$\left. \frac{c_n\Phi_6+d_n\Phi_8}{c_n^2+d_n^2}C_5 + \frac{c_n\Phi_5-d_n\Phi_7}{c_n^2+d_n^2}C_6 + \frac{c_n\Phi_8-d_n\Phi_6}{c_n^2+d_n^2}C_7 - \frac{c_n\Phi_7+d_n\Phi_5}{c_n^2+d_n^2}C_8\right]\cdot X_n'''(\xi)$$

$$N_\varphi(\xi,\varphi) = \sum_n a_n^4\{[(a_n^2-b_n^2)\Phi_1+2a_nb_n\Phi_3]C_1 + [(a_n^2-b_n^2)\Phi_2-2a_nb_n\Phi_4]C_2 + [(a_n^2-b_n^2)\Phi_3 - $$
$$2a_nb_n\Phi_1]C_3 + [(a_n^2-b_n^2)\Phi_4+2a_nb_n\Phi_2]C_4 + [(c_n^2-d_n^2)\Phi_5+2c_nd_n\Phi_7]C_5 + [(c_n^2-d_n^2)\Phi_6 - $$
$$2c_nd_n\Phi_8]C_6 + [(c_n^2-d_n^2)\Phi_7-2c_nd_n\Phi_5]C_7 + [(c_n^2-d_n^2)\Phi_8+2c_nd_n\Phi_6]C_8\}\cdot X_n(\xi) + N_\varphi^*$$

$$Q_\varphi(\xi,\varphi) = \sum_n -a_n^4\left[(a_n\Phi_4+b_n\Phi_2)C_1 + (a_n\Phi_3-b_n\Phi_1)C_2 + (a_n\Phi_2-b_n\Phi_4)C_3 + (a_n\Phi_1+b_n\Phi_3)C_4 + \right.$$
$$\left.(c_n\Phi_8+d_n\Phi_6)C_5 + (c_n\Phi_7-d_n\Phi_5)C_6 + (c_n\Phi_6-d_n\Phi_8)C_7 + (c_n\Phi_5+d_n\Phi_7)C_8\right]\cdot X_n(\xi) + Q_\varphi^*$$

$$M_\varphi(\xi,\varphi) = \sum_n -aa_n^4(C_1\Phi_1+C_2\Phi_2+C_3\Phi_3+C_4\Phi_4+C_5\Phi_5+C_6\Phi_6+C_7\Phi_7+C_8\Phi_8)\cdot X_n(\xi) + M_\varphi^*$$

$$N_x(\xi,\varphi) = \sum_n \sqrt{\gamma_n}(C_1\Phi_3-C_2\Phi_4-C_3\Phi_1+C_4\Phi_2-C_5\Phi_7+C_6\Phi_8+C_7\Phi_5-C_8\Phi_6)\cdot X_n''(\xi) + N_x^*$$

$$(3-116)$$

$$u(\xi,\varphi) = \sum_n \frac{a\sqrt{\gamma_n}}{Eh}(C_1\Phi_3-C_2\Phi_4-C_3\Phi_1+C_4\Phi_2-C_5\Phi_7+C_6\Phi_8+C_7\Phi_5-C_8\Phi_6)\cdot X_n'(\xi) + u^*$$

$$v(\xi,\varphi) = \sum_n -\frac{a\sqrt{\gamma_n}}{Eh}\left[(a_n\Phi_2-b_n\Phi_4)C_1 - (a_n\Phi_1+b_n\Phi_3)C_2 - (a_n\Phi_4+b_n\Phi_2)C_3 + (a_n\Phi_3-b_n\Phi_1)C_4 - \right.$$
$$\left.(c_n\Phi_6-d_n\Phi_8)C_5 + (c_n\Phi_5+d_n\Phi_7)C_6 + (c_n\Phi_8+d_n\Phi_6)C_7 - (c_n\Phi_7-d_n\Phi_5)C_8\right]\cdot X_n(\xi) + v^*$$

$$w(\xi,\varphi) = \sum_n -\frac{a\sqrt{\gamma_n}}{Eh}\{[(a_n^2-b_n^2)\Phi_3-2a_nb_n\Phi_1]C_1 - [(a_n^2-b_n^2)\Phi_4+2a_nb_n\Phi_2]C_2 - [(a_n^2-b_n^2)\Phi_1 + $$
$$2a_nb_n\Phi_3]C_3 + [(a_n^2-b_n^2)\Phi_2-2a_nb_n\Phi_4]C_4 - [(c_n^2-d_n^2)\Phi_7-2c_nd_n\Phi_5]C_5 + [(c_n^2-d_n^2)\Phi_8 + $$
$$2c_nd_n\Phi_6]C_6 + [(c_n^2-d_n^2)\Phi_5+2c_nd_n\Phi_7]C_7 - [(c_n^2-d_n^2)\Phi_6-2c_nd_n\Phi_8]C_8\}\cdot X_n(\xi) + w^*$$

$$\theta(\xi,\varphi) = \sum_n \frac{\sqrt{\gamma_n}}{Eh}\left[\frac{a_n\Phi_4-b_n\Phi_2}{a_n^2+b_n^2}C_1 + \frac{a_n\Phi_3+b_n\Phi_1}{a_n^2+b_n^2}C_2 + \frac{a_n\Phi_2+b_n\Phi_4}{a_n^2+b_n^2}C_3 + \frac{a_n\Phi_1-b_n\Phi_3}{a_n^2+b_n^2}C_4 + \right.$$
$$\left.\frac{c_n\Phi_8-d_n\Phi_6}{c_n^2+d_n^2}C_5 + \frac{c_n\Phi_7+d_n\Phi_5}{c_n^2+d_n^2}C_6 + \frac{c_n\Phi_6+d_n\Phi_8}{c_n^2+d_n^2}C_7 + \frac{c_n\Phi_5-d_n\Phi_7}{c_n^2+d_n^2}C_8\right]\cdot X_n(\xi) + \theta^*$$

$$(3-117)$$

在上述两式中，共有 8 个待定的常数 C_1，C_2，…，C_8，它们需由加劲开口圆柱壳两边的直线边界条件来确定,而式中带 ∗ 号者为特解,与所受荷载形式有关。

3.6 新型三维锚索支护围岩变形算例分析

本节以潞安矿区王庄煤矿 5218 工作面回风巷采用新型三维锚索支护技术控制围岩变形为工程背景,利用加劲开口圆柱壳理论阐述说明新型三维锚索支护对围岩控制的有效性。

（1）问题的描述

潞安矿区王庄煤矿 5218 工作面回风巷为典型的沿空巷道。巷道左侧为 5 m 宽的小煤柱,右侧为实体煤。巷道断面尺寸为:宽×高=4.5 m×3.2 m,沿底掘进,煤厚平均为 7.44 m。为有效控制巷道围岩变形,巷道顶板采用新型三维锚索支护技术。设新型三维锚索支护技术在围岩内形成的加劲开口圆柱壳厚度 h 与其曲率半径 a 之间满足 $h/a < 0.05$。根据第 2 章煤岩物理力学特性测试结果,理论计算时取煤的弹性模量 $E = 1.5$ GPa,泊松比 $\mu = 0.3$。式(3-72)中相应的加劲开口圆柱壳体的其他参数为:$A_x = A_\varphi = 0.02$ m^2,$e_x = e_\varphi = 0.3$ m,$I_x = I_\varphi = 6.67 \times 10^{-5}$ m^4,$J_x = J_\varphi = 8.33 \times 10^{-5}$ m^4,$b_\varphi = 2.0$ m,$b_x = 2.4$ m。由巷道埋深情况可知,该加劲圆柱壳所受外荷载情况为:$p_1 = p_2 = 0$,$p_3 = 7.5 \times 10^6$ N/m^2。

（2）边界条件

取柱形壳有效承载厚度 $h = 0.45$ m,开口角度 $\varphi_0 = \pi/3$,曲率半径 $a = 10$ m,母线长度为 $l = 20$ m。柱坐标系如图 3-7 所示。考虑该柱形壳两直线边界固定,而两曲线边界为一端简支,另一端固定的情况,即

$$(u, v, w, \theta)_{\varphi = \pm \pi/6} = 0, (M_\varphi, N_x)_{\xi = 0} = 0, (M_\varphi, u)_{\xi = 2} = 0 \qquad (3\text{-}118)$$

（3）计算结果及分析

由柱形壳两曲线边界条件可知,式(3-116)和式(3-117)中 $X_n(\xi)$ 的表达式如式(3-113)所示。当柱形壳承受法向均布荷载作用时,式(3-116)和式(3-117)中柱形壳的内力与位移分量的特解为:

$$\left. \begin{array}{l} N_{x\varphi}^* = N_x^* = M_\varphi^* = Q_\varphi^* = 0, N_\varphi^* = -\mu a p_3 \\[2mm] u^* = v^* = \theta^* = 0, w^* = \dfrac{(1 - \mu^2) a^2 p_3}{Eh} \end{array} \right\} \qquad (3\text{-}119)$$

联立式(3-113)、式(3-116)、式(3-117)、式(3-118)和式(3-119),并取 $n = 5$,可求得加劲开口圆柱壳内力及位移分量表达式中的 8 个系数,即 $C_1 = C_3 = C_5 = C_7 = 0$,$C_2 = 0.431\,3$,$C_4 = -1.888\,5$,$C_6 = 2.348\,5$,$C_8 = 6.172\,3$。

将上述系数代入式(3-117)中 $w(\xi, \varphi)$ 的表达式,并结合其特解,令 $\xi = 0.5l/a = 1$,$\varphi = 0$,即取加劲开口圆柱壳的中央顶点处,其挠度 w 约为 404.5 mm。

由式(3-116)中 $N_\varphi(\xi,\varphi)$ 的表达式,取 $\xi=1$,考查加劲开口圆柱壳跨度范围内的应力状态。当 $\varphi=0$ 时,$\sigma_\varphi=N_\varphi/h=-9.1$ MPa;当 $\varphi=\pi/24$ 时,$\sigma_\varphi=-9.85$ MPa;当 $\varphi=\pi/12$ 时,$\sigma_\varphi=-11.63$ MPa;当 $\varphi=\pi/6$ 时,$\sigma_\varphi=-15$ MPa。可以看出,加劲开口圆柱壳内部水平压应力由中心向两端逐渐增大。

3.7 本章小结

本章综合运用弹塑性理论和壳体理论等知识,建立了新型三维锚索支护巷道的力学分析模型。全断面支护巷道对应闭口圆柱壳,部分断面支护巷道对应开口圆柱壳,施加变形块的部分断面支护巷道对应加劲开口圆柱壳等空间网壳结构,通过多种数学变换和简化得到了加劲开口圆柱壳内力与位移分量的计算表达式。

4　沿空巷道三维锚索支护围岩应力分布规律

沿空巷道不仅在掘进期间围岩变形严重,而且在掘巷后仍保持较大的变形,尤其在工作面超前支承压力影响下,巷道变形破坏异常严重。为有效地控制沿空巷道的变形,必须对巷道围岩应力分布进行深入的分析。

本章以潞安矿区王庄煤矿 52 采区的采矿地质条件为背景,采用有限差分软件 FLAC³ᴰ 对沿空巷道在掘进和回采过程中围岩的应力分布特征进行数值模拟,通过计算得到了 5 种不同巷道断面尺寸下普通锚网索支护和三维锚索支护的巷道围岩应力分布规律、锚索不同预应力条件下巷道围岩应力分布规律、不同卸压孔布置方式下巷道围岩应力分布规律和不同采深条件下三维支护沿空巷道围岩应力分布规律。

4.1　数值计算模型

4.1.1　三维有限差分计算程序 FLAC³ᴰ 概述

采用美国明尼苏达大学和美国 Itasca Consulting Group Inc. 开发的三维有限差分计算机程序 FLAC³ᴰ 进行计算。该程序主要适用模拟计算地质材料和岩土工程的力学行为,特别是材料达到屈服极限后产生的塑性流动。材料通过单元和区域表示,根据计算对象的形状构成响应的网络。每个单元在外在和边界约束条件下,按照约定的线性或非线性应力-应变关系产生力学响应。由于 FLAC³ᴰ 程序主要是为岩土工程应用而开发的岩石力学计算程序,程序中包括了反映地质材料力学效应的特殊计算功能,可计算地质类材料的高度非线性(包括应变硬化/软化)不可逆剪切破坏和压密、黏弹(蠕变)孔隙介质的应力-渗流耦合、热力耦合以及动力学行为等。FLAC³ᴰ 程序设有多种本构模型[184-185]:

(1)各向同性弹性材料模型;

(2)横观各向同性弹性材料模型;

(3)莫尔-库仑弹塑材料模型;

(4)应变软化/硬化塑性材料模型;

(5)双屈服塑性材料模型;

(6)遍布节理材料模型;

（7）空单元模型，可用来模拟地下硐室的开采和煤层开采。

另外，程序设有界面单元，可用来模拟断层、节理和摩擦边界的滑动、张开和闭合行为。支护结构如衬砌、锚杆、可缩性支架或板壳与围岩的相互作用也可以在 FLAC[3D] 程序中进行模拟。同时，用户可根据需要在 FLAC[3D] 程序中创建自己的本构模型，进行各种特殊修正和补充。

FLAC[3D] 程序建立在拉格朗日算法基础上，特别适合模拟大变形和扭曲。FLAC[3D] 程序采用显式算法来获得模型全部运动方程（包括内变量）的时间步长解，从而可以追踪材料的渐进破坏和跨落，这对研究采矿设计是非常重要的。此外，程序允许输入多种材料类型，亦可在计算过程中改变某个局部的材料参数，增强了程序使用的灵活性，极大地方便了在计算上的处理。FLAC[3D] 程序具有强大的后处理功能，用户可以直接在屏幕上绘制或以文件形式创建和输出打印多种形式的图形。使用者还可以根据需要，将若干个变量合并在同一幅图形中进行研究分析。

4.1.2 模型的设计原则

建立正确、合理的数学和力学模型是数值分析的首要任务，模型设计得正确与否，是能否获得数值分析准确结果的前提和基础。模型的设计必须遵循下列原则[186-191]：

（1）影响小煤柱动压巷道围岩变形的因素较多，包括地质因素和生产技术因素。因此，构建 FLAC[3D] 模型时，必须分清各影响因素的主次，并进行合理的抽象化、概化。在模型设计时，必须突出主要的影响因素，并尽可能多地考虑其他因素。

（2）任何地下工程都具有时空特性，所以模型的设计必须能够体现伴随工作面而引起的动压对小煤柱动压巷道稳定性的影响这一动态过程。

（3）模型乃是实体的简化而不是失真的实体。设计的模型尽量要与实际相符，并尽可能地体现岩层的物理力学特性，如由于岩层节理、裂隙、断层而导致的岩体的不均匀性、不连续性等。

（4）地下工程、岩土工程问题实质上是半无限体问题，由于受计算机内存的限制，模拟时只能考虑一定的影响范围。因此，建立模型时必须考虑合理的边界条件。

（5）模型的设计应尽可能便于模拟计算。在考虑模拟范围时，既要能全面地体现小煤柱动压巷道的受力变形特性，又要顾及计算机的内存和运行速度。

4.1.3 围岩力学参数的选取

根据现场取样和岩石力学试验结果，当荷载达到极限强度后，岩体产生破坏,在峰后塑性流动过程中,岩体残余强度随着变形发展逐步减小。因此,计算中采用莫尔-库仑(Mohr-Coulomb)屈服准则判断岩体的破坏程度。

Mohr-Coulomb 模型通常用于描述土体和岩石的剪切破坏程度。模型的破坏包络线与 Mohr-Coulomb 强度准则(剪切屈服函数)和拉破坏准则(拉屈服函数)相对应。

(1) 增量弹性定律

FLAC³ᴰ程序在运行 Mohr-Coulomb 模型的过程中,用到了主应力 σ_1、σ_2、σ_3 和平面外应力 σ_{zz}。主应力及其方向可以通过应力张量分量得出,且排序如下(压应力为负):

$$\sigma_1 \leqslant \sigma_2 \leqslant \sigma_3 \tag{4-1}$$

对应的主应变增量 Δe_1、Δe_2 和 Δe_3 分解如下:

$$\Delta e_i = \Delta e_i^e + \Delta e_i^p \quad (i=1,3) \tag{4-2}$$

式中,上标 e 和 p 分别指代弹性部分和塑性部分,且在弹性变形阶段,塑性应变不为零。根据主应力和主应变增量的表达式,胡克定律的增量表达式如下:

$$\left.\begin{array}{l} \Delta\sigma_1 = \alpha_1 \Delta e_1^e + \alpha_2 (\Delta e_2^e + \Delta e_3^e) \\ \Delta\sigma_2 = \alpha_1 \Delta e_2^e + \alpha_2 (\Delta e_1^e + \Delta e_3^e) \\ \Delta\sigma_3 = \alpha_1 \Delta e_3^e + \alpha_2 (\Delta e_1^e + \Delta e_2^e) \end{array}\right\} \tag{4-3}$$

式中,$\alpha_1 = K + 4G/3$;$\alpha_2 = K - 2G/3$。

(2) 屈服函数

根据式(4-1)的排序,对破坏准则在平面(σ_1,σ_3)中的应用进行了描述,如图4-1 所示。图中 f^s 为破坏包络线。

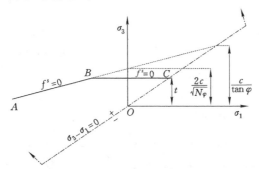

图 4-1　Mohr-Coulomb 强度准则

由 Mohr-Coulomb 屈服函数可以得到点 A 到点 B 的破坏包络线为:

$$f^s = \sigma_1 - \sigma_3 N_\varphi - 2c\sqrt{N_\varphi} \tag{4-4}$$

B 点到 C 点的拉破坏函数如下：

$$f^t = \sigma^t - \sigma_3 \tag{4-5}$$

式中　φ——内摩擦角；

　　　c——黏聚力；

　　　σ^t——抗拉强度。

$$N_\varphi = \frac{1 + \sin \varphi}{1 - \sin \varphi} \tag{4-6}$$

注意到在剪切屈服函数中只有最大主应力和最小主应力起作用，中间主应力不起作用。对于内摩擦角 $\varphi \neq 0$ 的材料，它的抗拉强度不能超过 $\sigma_{\max}^t$。$\sigma_{\max}^t$ 公式如下：

$$\sigma_{\max}^t = \frac{c}{\tan \varphi} \tag{4-7}$$

4.1.4　数值计算模型的建立

模拟巷道为王庄煤矿 5218 工作面回风巷。巷道埋深约为 320 m，一侧为5212 工作面采空区，两者之间的净煤柱宽 5 m，另一侧为实体煤。所掘煤层为沁水煤田 3# 煤层，赋存于二叠系山西组中下部地层中，为陆相湖泊型沉积，煤层厚度稳定，平均厚度 7.44 m 左右，沿煤层底板掘进。从目前资料分析，工作面总体上为一向西倾斜的单斜构造，煤层倾角为 2°～6°。全煤含夹矸 5 层，总厚度0.56 m；直接顶为泥岩，厚度平均 7.47 m；基本顶为细砂岩，厚度平均 5.2 m；直接底为 4.23 m 厚的泥岩；基本底为 6.66 m 厚的中砂岩。

根据矿区实际情况，建立了长 200 m、宽 70 m、高 80.4 m 的数值计算模型，如图 4-2 所示。模型取基本顶、直接顶、煤层、直接底、基本底 5 层，不考虑煤层倾角和夹矸，模型四周边界施加水平约束，底部施加垂直约束，顶部施加覆岩自重荷载 7.5 MPa。3# 煤层煤岩物理力学性能参数见表 4-1，锚杆与锚索的尺寸及力学参数见表 4-2。沿空巷道断面尺寸为 4.5 m×3.2 m（宽×高），左侧为5 m 宽的护巷煤柱和 100 m 宽的采空区，右侧为实体煤。综采工作面由前向后

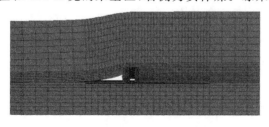

图 4-2　三维支护数值计算模型

推进,每步回采距离为 10 m。顶锚杆、帮锚杆锚固力为 30 kN,普通锚索预紧力为 80 kN,三维锚索每股钢绞线施加预紧力为 30 kN。

表 4-1　3# 煤层煤岩物理力学性能参数

层位	岩性	厚度 /m	单向抗压强度 σ/MPa	单向抗拉强度 σ/MPa	弹性模量 E/GPa	泊松比 μ
基本顶	细砂岩	5.20	60.0	10.0	20.2	0.15
直接顶	泥岩	7.47	36.2	4.0	6.1	0.19
3# 煤	煤	7.44	30.0	4.0	1.5	0.30
直接底	泥岩	4.23	36.2	4.0	16.1	0.23
基本底	中砂岩	6.66	45.0	7.5	12.6	0.20

表 4-2　锚杆、锚索力学性质参数

	钢材牌号	直径/mm	长度/mm	弹性模量 E/MPa	泊松比 μ
顶板锚杆	22MnSi	22	2 400	210 000	0.28
两帮锚杆	Q235	22	2 200	210 000	0.28
三维锚索		6 mm	9 400	210 000	0.28
普通锚索		6 mm	8 300	210 000	0.28

4.1.5　数值模拟方案

本章结合王庄煤矿生产地质条件,模拟分析巷道尺寸、卸压孔布置方式、工作面采深及开采动压等对小煤柱沿空巷道围岩应力分布和变形的影响。数值模拟方案见表 4-3。

表 4-3　数值模拟方案

影响因素	巷道断面尺寸(宽×高) /m×m	卸压孔布置方式	工作面采深 /m	动压
方案	3.5×3.2	无	200	掘巷 回采
	4.0×3.2	单排布置	300	
	4.5×3.2	三花布置	400	
	5.0×3.2	五花布置	600	
	5.5×3.2		800	

4.2 断面尺寸对巷道围岩应力分布影响分析

4.2.1 巷道断面尺寸为 3.5 m×3.2 m 下巷道围岩应力分布规律

本章模拟计算综采工作面回采距离为 50 m,根据模型 y-z 剖面图可知,工作面推进后超前应力峰值出现在工作面前方 10 m 左右位置处,因此分别截取工作面推进 10 m、20 m、30 m、40 m、50 m 时,综采工作面前方 10 m 处垂直 y 轴剖面(x-z 剖面)的应力云图,以此来分析研究此剖面上围岩应力分布情况。

(1) 回采 10 m 时巷道围岩应力分布

工作面回采 10 m 时两种支护方式下巷道水平、垂直应力分布云图如图 4-3 所示。由图可知,巷道两帮向煤层内部 1 m 左右范围为水平应力释放区,高水平应力主要分布在煤层和其上方岩层相交区域(煤层厚度为 7.4 m,巷道高为 3.2 m),相比之下,三维支护下巷道两侧煤柱水平应力释放区域明显小于普通支护下,这说明三维支护减少了巷道两侧煤柱的水平应力释放,从而约束了巷道两帮的水平变形;对于垂直应力,可以看到两种支护方式下巷道左侧小煤柱的高应力集中在煤柱中心部分,而实体煤中应力集中区域近似占据了整个煤层高度(这一点在普通支护中更为明显),这主要是因为综采工作面回采时后方采空区下沉引起前方煤柱应力集中程度不同,采空区下沉直接引起前方实体煤的应力增大,而小煤柱由于位于采空区左侧,相比之下采空区下沉引起的小煤柱应力集中值就要小很多,三维支护下巷道两侧煤柱都有明显的应力集中区域,普通支护下小煤柱中的应力集中区域不是很明显。

比较两种支护方式下的应力值可以看到,两种支护方式下小煤柱和实体煤中的水平集中应力最大值相差较小,三维支护下巷道实体煤中的最大垂直应力值小于普通支护下,而小煤柱的最大垂直应力值大于普通支护。

首先来分析小煤柱,其巷道顶板下沉的力学模型为右端固支,左侧悬臂,距固支段 5 m 存在垂直向上约束的超静定悬臂梁结构,三维支护增强了巷道顶板岩层的整体抗变形性,对应到上述悬臂结构,直观上体现为小煤柱和巷道顶板的挠度(垂直下沉量)小于普通支护下的挠度值,也就是说三维支护下覆岩对小煤柱的压力要小于普通支护下的压力,而小煤柱受自身宽度条件约束承载能力较小。覆岩压力越大,小煤柱越容易发生塑性变形,煤柱中的最大集中应力值越小,而且三维支护下覆岩对小煤柱的压力要大于普通支护下的压力。上述两个方面的原因结合起来导致了三维支护下小煤柱中的垂直集中应力大于普通支护下的应力值。

　　下面来分析实体煤应力,由前面的分析可知,三维支护下悬臂结构的挠度较小,结构变形所引起的右侧实体煤的应力集中程度也就小于普通支护下的应力集中程度。与小煤柱不同,实体煤可以完全承担上述变形引起的集中应力,应力释放转移后就表现为普通支护下实体煤集中应力值大于三维支护下,在工作面推进 20～50 m 的时候巷道两侧煤柱也均有相同的规律,在后面的分析中将不再一一阐述。三维支护下,由于三维锚索作用,巷道顶板和两帮附近煤(岩)体的垂直应力都没有得到充分的释放,而普通支护下巷道顶板和两帮附近煤(岩)体的垂直应力值都很小,这是三维支护和普通支护一个明显的差别。另外可以看到,普通支护下垂直应力集中区域的应力值在整个 7.4 m 高的煤层中均差别不大,而且最大应力值位置还在巷道高度之上,这说明普通支护下,工作面前方煤柱的超前应力主要由采空区下沉决定。对比三维支护的应力分布图可知,后方采空区下沉引起的 7.4 m 高煤柱应力增大,这和普通支护大致相同,但因三维支护增大了实体煤的强度,使得实体煤中垂直应力转移释放后的高应力集中区域在垂直方向上主要位于巷道腰线到顶板位置处。

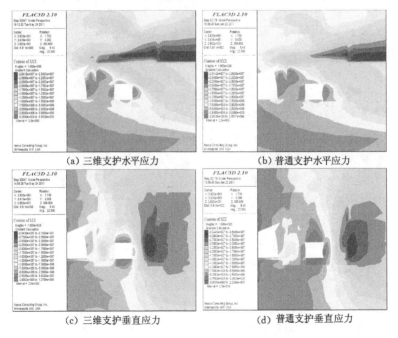

(a) 三维支护水平应力　　　　　　　(b) 普通支护水平应力

(c) 三维支护垂直应力　　　　　　　(d) 普通支护垂直应力

图 4-3　回采 10 m 时巷道围岩应力云图

　　两种支护方式下的巷道两侧煤柱应力分布曲线对比情况如图 4-4 所示。图中以 x 轴 5～9.5 m 为模型巷道所在位置的坐标值,0～5 m 为小煤柱坐标,

9.5 m 以后为实体煤坐标。与应力云图保持一致,图中曲线记录的是采空区前方 10 m 剖面上巷道左侧小煤柱和右侧 15 m 距离内实体煤的应力具体数值。观察曲线可知,两种支护方式下巷道两侧煤柱的水平、垂直应力分布有相似的规律:小煤柱中水平、垂直应力都是中间位置处应力值大,向两侧逐渐减小。实体煤中应力由巷道右帮向煤柱内部近似呈线性增大,在达到应力峰值后,随着距离的继续增大,应力值有所回落,并趋向于一个稳定值,所取实体煤 15 m 长度范围内任意一个测点的超前应力值都明显大于小煤柱最大应力值。

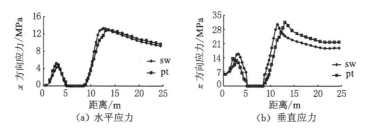

图 4-4　回采 10 m 时巷道围岩应力比较曲线

比较应力曲线可知,小煤柱的水平应力在两种支护方式下相差不大,垂直应力三维支护明显大于普通支护,两种支护方式下水平最大应力值都出现在距离巷道左帮 2 m 左右位置处,三维支护下小煤柱中垂直应力峰值位置距离巷道左帮 2 m,普通支护下小煤柱中垂直应力峰值位置距离巷道左帮 3 m;实体煤中三维支护下的水平应力和普通支护下分布情况相差很小,三维支护下的垂直应力峰值小于普通支护下,但三维支护下的最大应力值出现位置距右帮距离要小于普通支护下,两种支护方式下实体煤中最大水平应力位置距离巷道右帮都在 4.5 m 左右,三维支护下实体煤中最大垂直应力位置距巷道右帮 3.0 m,普通支护下实体煤中最大垂直应力距巷道右帮 4.5 m;虽然两种支护方式下巷道两侧煤柱水平应力分布情况相似,但也近似具有前述垂直应力分布规律,可以看到小煤柱中的水平应力是三维支护下大于普通支护下,实体煤中则稍有不同,普通支护下与三维支护下的最大水平应力值几乎相同,但在所取的 15 m 长实体煤段上,最大应力值点向右区域的水平应力值都是普通支护下大于三维支护下。

由图 4-4 可知,三维支护方式下小煤柱中水平、垂直应力最大值分别为 4.35 MPa 和 15.9 MPa,实体煤中水平、垂直应力最大值分别为 13.3 MPa 和 30.5 MPa;普通支护下小煤柱中水平、垂直应力最大值分别为 5.07 MPa 和 13.5 MPa,实体煤中水平、垂直应力最大值分别为 12.9 MPa 和 31.4 MPa;小煤柱中三维支护下的垂直应力最大值相比普通支护下的增幅为 19.5%,实体煤中普通支护下的垂直应力最大值相比三维支护下的增幅为 2.95%。

（2）回采 20 m 时巷道围岩应力分布

工作面回采 20 m 时两种支护方式下巷道水平、垂直应力分布云图如图 4-5 所示。其巷道围岩水平、垂直应力分布情况和回采 10 m 时的情况大致相同，在此不再重复解释。

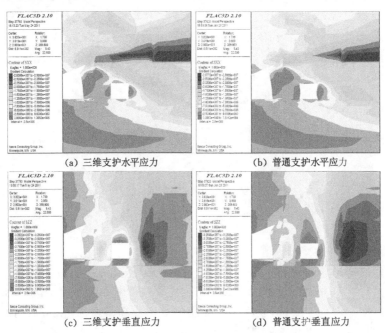

（a）三维支护水平应力　　　　　　　（b）普通支护水平应力

（c）三维支护垂直应力　　　　　　　（d）普通支护垂直应力

图 4-5　回采 20 m 时巷道围岩应力云图

两种支护方式下的巷道两侧煤柱应力分布曲线比较如图 4-6 所示。由图 4-6 可知，与工作面推进 10 m 时较明显的一点不同在于三维支护下实体煤中的水平应力最大值要大于普通支护下的水平应力最大值，但同样随距离向煤柱深部增大，依然表现为普通支护下的应力大于三维支护下；三维支护下小煤柱中水平、垂直应力最大值分别为 4.70 MPa 和 16.2 MPa，实体煤中水平、垂直应力最大值分别为 14.3 MPa 和 33.3 MPa，普通支护下小煤柱中水平、垂直应力最大值分别为 5.09 MPa 和 12.5 MPa，实体煤中水平、垂直应力最大值分别为 13.5 MPa 和 33.3 MPa，小煤柱中三维支护下垂直应力最大值相比普通支护下的垂直应力最大值增幅为 29.6%，两种支护方式下实体煤中最大垂直应力值相同。前文述及普通支护下的煤柱垂直应力大于三维支护下的数据，而此时的数据表明两种支护方式下的煤柱最大垂直应力值相同，这是因为前面的分析是按照垂直应力云图而不是煤柱的最大垂直应力值来分析的，并且由应力比较曲线可以看到普通支护下的实体煤中大部分测点的应力值都大于三维支护下的数据，最大应力值与整体应力分布规律之间并没有矛盾。两种支护方式下小煤柱的水平最大应力值都出现在距离巷道左帮 2 m 左右位置处，三维支护下小煤柱中垂直应力峰值位置距离巷道左帮 2 m，普通支护下小煤柱中垂直应力峰值位置距离巷道左帮 3 m，两种支护方式下实体煤中最大水平应力值位置距离巷道右帮都在 4.5 m 左右，三维支护下实体煤中最大垂直应力位置距巷道右帮 3.0 m，普通支护下实体煤中最大垂直应力位置距巷道右帮 5.2 m。

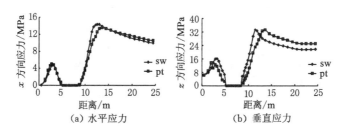

（a）水平应力　　　　　　　（b）垂直应力

图 4-6　回采 20 m 时巷道围岩应力曲线比较

（3）回采 30 m 时巷道围岩应力分布

工作面回采 30 m 时两种支护方式下巷道水平、垂直应力分布云图如图 4-7 所示。两种支护方式下巷道围岩的水平应力分布情况和工作面推进 10 m、20 m 时的分布情况变化不大，但三维支护下的巷道顶板和两帮附近煤（岩）体中的垂直应力明显要小于工作面推进 10 m、20 m 的应力值。这说明随工作面推进距离的增大，小煤柱和实体煤中的超前应力值也逐渐增大，虽然三维支护的网壳结构增大了巷道两侧煤柱的强度，但在应力转移、重新平衡过程中，难以避免地要释放巷道附近一圈的应力，而垂直应力的释放必然引起垂直位移的变化，也就是说，此时三维支护下的巷道顶板和两侧煤柱靠近采空区部分相比前两步有较大的变形增量；另外可以看到，此时普通支护下实体煤中高应力集中区的应力在整个煤层高度方向上近似呈均匀分布，一方面沿空巷道的存在使得巷道右侧煤柱应力向巷道腰线高度位置处转移，另一方面采空区下沉引起前方煤柱整个煤层和其上方岩层的垂直应力值增大，二者相重合便出现了图示的应力分布情况。

两种支护方式下的巷道两侧煤柱应力分布曲线比较如图 4-8 所示。由图 4-8 可知，三维支护下小煤柱中水平应力、垂直应力最大值分别为 4.95 MPa 和 16.6 MPa，实体煤中水平、垂直应力最大值分别为 15.5 MPa 和 36.7 MPa，普通支护下小煤柱中水平、垂直应力最大值分别为 5.19 MPa 和 12.6 MPa，实体煤中水平、垂直应力最大值分别为 13.9 MPa 和 36.6 MPa，小煤柱中三维支护下垂直应力最大值相比普通支护下垂直应力最大值增幅为 31.7%，两种支护方式

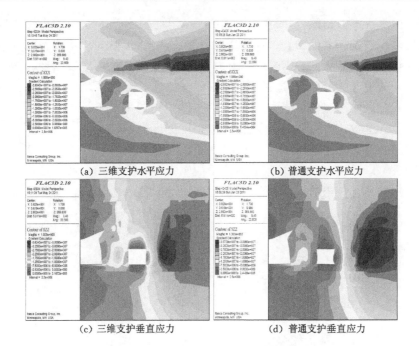

图 4-7　回采 30 m 时巷道围岩应力云图

下实体煤中最大垂直应力值接近相同；两种支护方式下小煤柱中水平最大应力
值都出现在距离巷道左帮 2 m 左右位置处，三维支护下小煤柱中垂直应力峰值
位置距离巷道左帮 2 m，普通支护下小煤柱中垂直应力峰值位置距离巷道左帮
3 m，两种支护方式下实体煤中最大水平应力位置距离巷道右帮都在 4.5 m 左
右，三维支护下实体煤中最大垂直应力位置距巷道右帮 3.3 m，普通支护下实体
煤中最大垂直应力位置距巷道右帮 5.2 m。

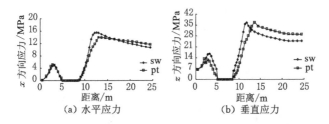

图 4-8　回采 30 m 时巷道围岩应力曲线比较

（4）回采 40 m 时巷道围岩应力分布

工作面回采 40 m 时两种支护方式下巷道水平、垂直应力分布云图如图 4-9

所示。由水平应力云图可知,在工作面回采 40 m 时,巷道水平高应力集中区域范围明显小于前面推进 30 m 时的高应力集中区域;三维支护下巷道垂直应力最大值仍然出现在巷道右侧腰线以上的位置,但高应力集中区域已经分布到整个煤层及其上方的岩层中,这说明虽然三维支护可以改变巷道围岩的应力分布,但随着后方采空区下沉量的增大,采空区下沉所引起的前方煤柱应力重分布已经占据主导位置,这一点在普通支护中表现得更加明显,在普通支护下实体煤中的垂直应力最大值已经不再位于巷道右侧腰线高度位置,而是处于上覆岩层中了。而且可以看到,普通支护下巷道两帮的垂直应力值都很小,而三维支护下两帮煤体依然具有一定的垂直应力,也即还有一定的抗垂直变形能力。

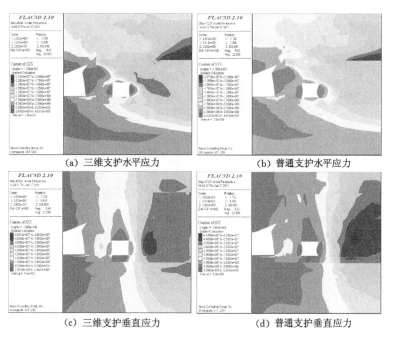

(a) 三维支护水平应力　　　　　(b) 普通支护水平应力

(c) 三维支护垂直应力　　　　　(d) 普通支护垂直应力

图 4-9　回采 40 m 时巷道围岩应力云图

两种支护方式下的巷道两侧煤柱应力分布曲线比较如图 4-10 所示。由图 4-10 可知,三维支护下小煤柱中水平、垂直应力最大值分别为 5.31 MPa 和 16.9 MPa,实体煤中水平、垂直应力最大值分别为 17.1 MPa 和 41.6 MPa,普通支护下小煤柱中水平、垂直应力最大值分别为 5.44 MPa 和 13.5 MPa,实体煤中水平、垂直应力最大值分别为 15.1 MPa 和 40.8 MPa,小煤柱中三维支护下垂直应力最大值相比普通支护下垂直应力最大值增幅为 11.9%,两种支护方式下实体煤中最大垂直应力值接近相同;两种支护方式下小煤柱的水平最大应力值都出现在距离巷道左帮 2 m 左右位置处，三维支护下小煤柱中垂直应力峰值位置距离巷道左帮 2 m，普通支护下小煤柱中垂直应力峰值位置距离巷道左帮 3 m，两种支护方式下实体煤中最大水平应力位置距离巷道右帮都在 4.5 m 左右，三维支护下实体煤中最大垂直应力位置距巷道右帮 3.3 m，普通支护下实体煤中最大垂直应力位置距巷道右帮 5.2 m。

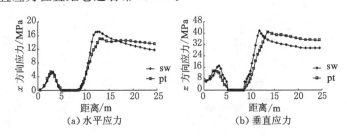

图 4-10　回采 40 m 时巷道围岩应力曲线比较

（5）回采 50 m 时巷道围岩应力分布

工作面回采 50 m 时两种支护方式下巷道水平、垂直应力分布云图如图 4-11 所示，此时后方采空区接地。对比此时的水平应力云图和前 40 m 推进时的水平应力云图可知，在工作面回采 50 m 时，巷道围岩的水平最大应力集中区域已经由前面的 15 m 长煤柱顶部位置变为巷道右侧与巷道高度接近的一斜条形区域，普通支护下的高应力集中区域大于三维支护下。采空区下沉所引起的前方煤柱应力重分布作用进一步增大，导致在巷道右侧煤柱和 15 m 厚煤层上方的岩层中都出现较大的相比周围应力要稍大的高应力集中区域，普通支护下巷道右侧岩体的最大应力值没有明显地高于周围其他区域高应力集中区域岩体的最大应力值，煤体和覆岩中的应力值相近且都很大。另外可以看到，在工作面后方采空区已经接地，小煤柱垂直、水平变形量都较大（相比前 40 m 工作面推进时变形量）的情况下，三维支护下小煤柱正中位置依然存在一定的应力集中区域，说明三维锚索支护不仅在巷道围岩变形量较小时效果明显，在巷道围岩变形量较大的时候依然可以有效增大巷道围岩的强度。

两种支护方式下的巷道两侧煤柱应力分布曲线比较如图 4-12 所示。由图 4-12 可知，三维支护下小煤柱中水平、垂直应力最大值分别为 5.99 MPa 和 18.3 MPa，实体煤中水平、垂直应力最大值分别为 17.7 MPa 和 40.2 MPa，普通支护下小煤柱中水平、垂直应力最大值分别为 5.63 MPa 和 14.5 MPa，实体煤中水平、垂直应力最大值分别为 17.6 MPa 和 38.5 MPa，小煤柱中三维支护下垂直应力最大值相比普通支护下增幅为 26.2%，此时实体煤中三维支护下垂直应力最大值还是大于普通支护下，增幅为 4.42%,；两种支护方式下小煤柱的水

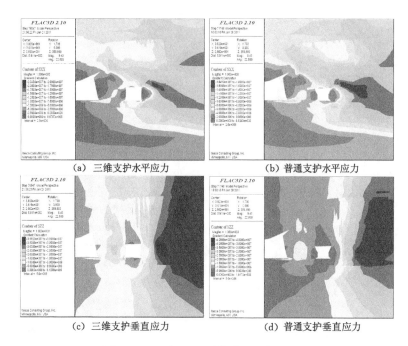

(a) 三维支护水平应力   (b) 普通支护水平应力

(c) 三维支护垂直应力   (d) 普通支护垂直应力

图 4-11 回采 50 m 时巷道围岩应力云图

平应力最大值都出现在距离巷道左帮 2 m 左右位置处,三维支护下小煤柱中垂直应力峰值位置距离巷道左帮 2 m,普通支护下小煤柱中垂直应力峰值位置距离巷道左帮 3 m,两种支护方式下实体煤中最大水平应力位置距离巷道右帮都在 4.5 m 左右,三维支护下实体煤中最大垂直应力位置距巷道右帮 3.3 m,普通支护下实体煤中最大垂直应力位置距巷道右帮 5.2 m。

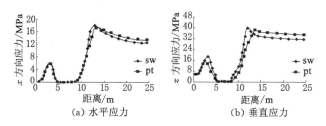

(a) 水平应力   (b) 垂直应力

图 4-12 回采 50 m 时巷道围岩应力曲线比较

4.2.2 巷道断面尺寸为 4.0 m×3.2 m 下巷道围岩应力分布规律

(1) 回采 10 m 时巷道围岩应力分布

工作面回采 10 m 时两种支护方式下巷道水平、垂直应力分布云图如

图 4-13 所示。由图可知,巷道两帮向煤层内部 1 m 左右范围为水平应力释放区,高水平应力主要分布在煤层和其上方岩层的相交区域;两种支护方式下巷道左侧小煤柱的垂直应力高应力集中区域位于小煤柱中心部分,实体煤中应力集中区域近似占据了整个煤层高度。三维支护下巷道实体煤中的最大集中应力值小于普通支护下,而小煤柱中的最大应力大于普通支护下。三维支护下,由于三维锚索作用,巷道顶板和两帮附近煤(岩)体的垂直应力都没有得到充分的释放,而普通支护下巷道顶板和两帮附近煤(岩)体的垂直应力值都很小。

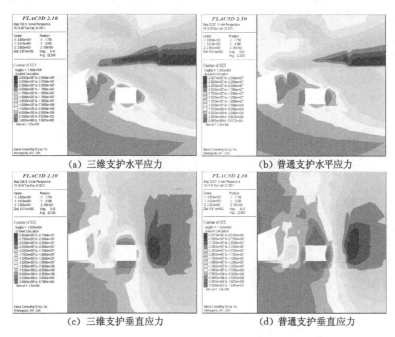

(a) 三维支护水平应力   (b) 普通支护水平应力

(c) 三维支护垂直应力   (d) 普通支护垂直应力

图 4-13 回采 10 m 时巷道围岩应力云图

两种支护方式下的巷道两侧煤柱应力分布曲线比较如图 4-14 所示。观察曲线可知,两种支护方式下巷道两侧煤柱的水平应力与垂直应力分布具有类似的规律:小煤柱中水平、垂直应力都是中间位置处应力值大,向两侧逐渐减小;实体煤中应力由巷道右帮向煤柱内部近似呈线性增大趋势,在达到应力峰值后,随着距离的继续增大,应力值有所回落,并趋向于一个稳定值,所取实体煤 15 m 长度范围内任意一个测点的超前应力都明显大于小煤柱最大应力值。比较应力曲线可知,小煤柱的水平应力在两种支护方式下相差不大,垂直应力在三维支护下明显大于普通支护下,两种支护方式下水平最大应力值都出现在距离巷道左帮 2 m 左右位置处,三维支护下小煤柱中垂直应力峰值位置距离巷道左帮 2 m,

普通支护下小煤柱中垂直应力峰值位置距离巷道左帮 3 m;实体煤中三维支护下的水平应力和普通支护下分布情况类似,三维支护下的垂直应力峰值小于普通支护下,但三维支护下的最大应力值出现位置距右帮距离要小于普通支护下,两种支护方式下实体煤中最大水平应力位置距离巷道右帮都在 4.5 m 左右,三维支护下实体煤中最大应力位置距巷道右帮 3.0 m,普通支护下实体煤中最大应力位置距巷道右帮 4.0 m;小煤柱中的水平应力是三维支护下大于普通支护下,实体煤中的最大水平应力值在普通支护下与三维支护下几乎相同,但在所取的 15 m 长实体煤段上,最大应力值点向右区域的水平应力值都是普通支护下大于三维支护下。三维支护下小煤柱中水平、垂直应力最大值分别为 4.35 MPa 和 15.9 MPa,实体煤中水平、垂直应力最大值分别为 13.4 MPa 和 30.4 MPa,普通支护下小煤柱中水平、垂直应力最大值分别为 5.11 MPa 和 12.6 MPa,实体煤中水平、垂直应力最大值分别为 12.5 MPa 和 30.6 MPa;小煤柱中三维支护下垂直应力最大值相比普通支护下增幅为 26.2%,两种支护方式下实体煤中最大垂直应力值相同。

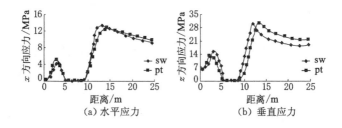

（a）水平应力　　　　　　（b）垂直应力

图 4-14　回采 10 m 时巷道围岩应力曲线比较

（2）回采 20 m 时巷道围岩应力分布

工作面回采 20 m 时两种支护方式下巷道水平、垂直应力分布云图如图 4-15 所示。其巷道围岩水平、垂直应力分布情况和回采 10 m 时大致相同,在此不再重复解释。两种支护方式下的巷道两侧煤柱应力分布曲线比较如图 4-16 所示,三维支护下小煤柱中水平、垂直应力最大值分别为 4.71 MPa 和 16.3 MPa,实体煤中水平、垂直应力最大值分别为 14.5 MPa 和 33.6 MPa,普通支护下小煤柱中水平、垂直应力最大值分别为 5.12 MPa 和 12.6 MPa,实体煤中水平、垂直应力最大值分别为 13.0 MPa 和 33.5 MPa,小煤柱中三维支护下垂直应力最大值相比普通支护下增幅为 29.4%,两种支护方式下实体煤中最大垂直应力值相同;两种支护方式下小煤柱中的水平应力最大值都出现在距离巷道左帮 2 m 左右位置处,三维支护下小煤柱中垂直应力峰值位置距离巷道左帮

2 m,普通支护下小煤柱中垂直应力峰值位置距离巷道左帮 3 m,两种支护方式下实体煤中最大水平应力位置距离巷道右帮都在 4.5 m 左右,三维支护下实体煤中最大垂直应力位置距巷道右帮 4.0 m,普通支护下实体煤中最大垂直应力位置距巷道右帮 4.7 m。

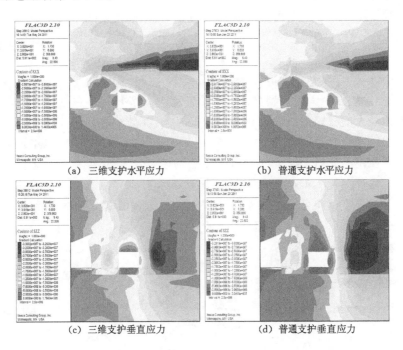

(a) 三维支护水平应力　　　　　(b) 普通支护水平应力

(c) 三维支护垂直应力　　　　　(d) 普通支护垂直应力

图 4-15　回采 20 m 时巷道围岩应力云图

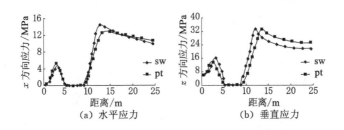

(a) 水平应力　　　　　(b) 垂直应力

图 4-16　回采 20 m 时巷道围岩应力曲线比较

(3) 回采 30 m 时巷道围岩应力分布

工作面回采 30 m 时两种支护方式下巷道水平、垂直应力分布云图如图 4-17 所示。两种支护方式下巷道围岩的水平应力分布情况和工作面推进

10 m、20 m 时的分布情况变化不大,不同之处在于三维支护下的巷道顶板和两帮附近煤(岩)体中的垂直应力值明显要小于推进 10 m、20 m 时的应力值;三维支护下巷道右侧煤柱高应力区主要位于巷道腰线至顶板之间,而普通支护下高应力区已经分布到整个煤层高度。

两种支护方式下的巷道两侧煤柱应力分布曲线比较如图 4-18 所示。由图可知,三维支护下小煤柱中水平应力、垂直应力最大值分别为 4.94 MPa 和 16.7 MPa,实体煤中水平、垂直应力最大值分别为 15.7 MPa 和 37.2 MPa,普通支护下小煤柱中水平、垂直应力最大值分别为 5.20 MPa 和 12.7 MPa,实体煤中水平、垂直应力最大值分别为 13.5 MPa 和 36.4 MPa,小煤柱中三维支护下垂直应力最大值相比普通支护下增幅为 31.5%,实体煤中三维支护下垂直应力最大值相比普通支护下增幅为 2.20%;两种支护方式下小煤柱的水平最大应力值都出现在距离巷道左帮 2 m 左右位置处,三维支护下小煤柱中垂直应力峰值位置距离巷道左帮 2 m,普通支护下小煤柱中垂直应力峰值位置距离巷道左帮 3 m,两种支护方式下实体煤中最大水平应力值位置距离巷道右帮都在 4.5 m 左右,三维支护下实体煤最大垂直应力值距巷道右帮 3.2 m,普通支护下实体煤最大垂直应力值距巷道右帮 4.7 m。

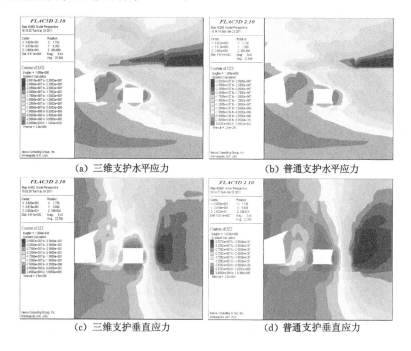

(a) 三维支护水平应力　　　　(b) 普通支护水平应力

(c) 三维支护垂直应力　　　　(d) 普通支护垂直应力

图 4-17　回采 30 m 时巷道围岩应力云图

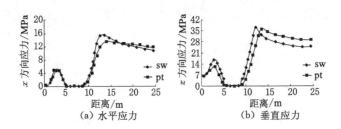

图 4-18　回采 30 m 时巷道围岩应力曲线比较

（4）回采 40 m 时巷道围岩应力分布

工作面回采 40 m 时两种支护方式下巷道水平、垂直应力分布云图如图 4-19 所示。由水平应力云图可知,在工作面回采 40 m 时,高水平应力集中区域范围明显小于回采 30 m 推进时的高应力区域范围;三维支护下巷道垂直应力最大值仍然出现在巷道右侧腰线以上的位置,但高应力区域已经分布到整个煤层及其上方的岩层中。普通支护下巷道两帮的垂直应力值都很小,而三维支护下两帮煤体依然具有一定的垂直应力,还具有一定的抗垂直变形能力。

两种支护方式下的巷道两侧煤柱应力分布曲线比较如图 4-20 所示。三维支护下小煤柱中水平、垂直应力最大值分别为 5.28 MPa 和 16.9 MPa,实体煤

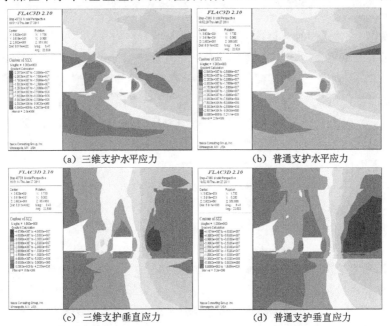

图 4-19　回采 40 m 时巷道围岩应力云图

中水平、垂直应力最大值分别为 17.4 MPa 和 41.3 MPa,普通支护下小煤柱中水平、垂直应力最大值分别为 5.44 MPa 和 13.1 MPa,实体煤中水平、垂直应力最大值分别为 14.6 MPa 和 40.2 MPa,小煤柱中三维支护下垂直应力最大值相比普通支护下增幅为 29.0%,实体煤中三维支护下垂直应力最大值相比普通支护下增幅为 2.74%;两种支护方式下小煤柱的水平最大应力值都出现在距离巷道左帮 2 m 左右位置处,三维支护下小煤柱中垂直应力峰值位置距离巷道左帮 2 m,普通支护下小煤柱中垂直应力峰值位置距离巷道左帮 3 m,两种支护方式下实体煤中最大水平应力值位置距离巷道右帮都在 4.5 m 左右,三维支护下实体煤最大垂直应力值位置距巷道右帮 3.2 m,普通支护下实体煤最大垂直应力值位置距巷道右帮 4.2 m。

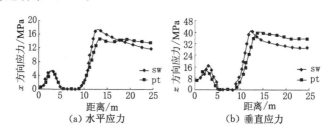

图 4-20　回采 40 m 时巷道围岩应力曲线比较

(5) 回采 50 m 时巷道围岩应力分布

工作面回采 50 m 时两种支护方式下巷道水平、垂直应力分布云图如图 4-21 所示,此时后方采空区接地。巷道围岩的水平最大应力集中区域位于巷道右侧与巷道顶板高度接近的一斜条形区域中,普通支护下的高应力集中区域大于三维支护下。采空区下沉所引起的前方煤柱应力重分布作用进一步增大,导致在巷道右侧煤柱和 17 m 厚煤层上方的岩层中都出现了较大的相比周围应力要稍大的高应力集中区域,普通支护下巷道右侧岩体的最大应力值没有明显地高于周围其他区域的高应力集中区域,煤体和覆岩中的应力值相近且都很大,三维支护下小煤柱正中位置依然存在一定的应力集中区域。

两种支护方式下的巷道两侧煤柱应力分布曲线比较如图 4-22 所示。三维支护下小煤柱中水平、垂直应力最大值分别为 5.86 MPa 和 18.6 MPa,实体煤中水平、垂直应力最大值分别为 17.1 MPa 和 40.9 MPa,普通支护下小煤柱中水平、垂直应力最大值分别为 5.64 MPa 和 14.6 MPa,实体煤中水平、垂直应力最大值分别为 17.0 MPa 和 38.2 MPa,小煤柱中三维支护下垂直应力最大值相比普通支护下增幅为 27.4%,实体煤中三维支护下垂直应力最大值相比普通支护下增幅为 7.07%;两种支护方式下小煤柱中的水平应力最大值都出现在距离巷道左帮 2 m 左右位置处,三维支护下小煤柱中垂直应力峰值位置距离巷道左帮 2 m,普通支护下小煤柱中垂直应力峰值位置距离巷道左帮 3 m,两种支护方式下实体煤中最大水平应力值位置距离巷道右帮都在 4.5 m 左右,三维支护下实体煤中最大垂直应力值位置距巷道右帮 3.6 m,普通支护下实体煤中最大垂直应力值位置距巷道右帮 4.7 m。

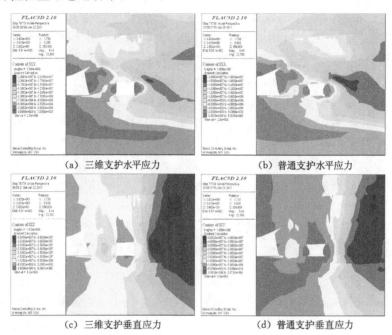

(a) 三维支护水平应力 (b) 普通支护水平应力

(c) 三维支护垂直应力 (d) 普通支护垂直应力

图 4-21 回采 50 m 时巷道围岩应力云图

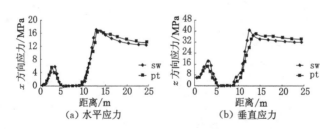

(a) 水平应力 (b) 垂直应力

图 4-22 回采 50 m 时巷道围岩应力曲线比较

4.2.3 巷道断面尺寸为 4.5 m×3.2 m 下巷道围岩应力分布规律

(1) 回采 10 m 时巷道围岩应力分布

工作面回采 10 m 时两种支护方式下巷道水平、垂直应力分布云图如

图 4-23 所示。由图可知,巷道两帮向煤层内部 1 m 长左右范围为水平应力释放区,高水平应力主要分布在煤层和其上方岩层相交区域;两种支护方式下巷道左侧小煤柱中的垂直应力高应力集中区域位于小煤柱中心部分,实体煤中高应力集中区域近似占据了整个煤层高度。三维支护下巷道实体煤中的最大集中应力值小于普通支护下,而小煤柱中的最大应力值大于普通支护下。三维支护下,由于三维锚索作用,巷道顶板和两帮附近煤(岩)体的垂直应力都没有得到充分的释放,而普通支护下巷道顶板和两帮附近煤(岩)体的垂直应力值都很小。

两种支护方式下的巷道两侧煤柱应力分布曲线比较如图 4-24 所示。观察曲线可知,两种支护方式下巷道两侧煤柱中的水平应力与垂直应力分布具有类似的规律:小煤柱中水平、垂直应力都是中间位置处应力值大,并向两侧逐渐减小;实体煤中应力由巷道右帮向煤柱内部近似呈线性增大,在达到应力峰值后,随着距离的继续增大,应力值有所回落,并趋于一个稳定值,所取实体煤 15 m 长度范围内任意一个测点的超前应力值都明显大于小煤柱中最大应力值。比较应力曲线可知,小煤柱中的水平应力在两种支护方式下相差不大,三维支护下垂直应力值明显大于普通支护下,两种支护方式下水平应力最大值都出现在距离巷道左帮 2 m 左右位置处,三维支护下小煤柱中垂直应力峰值位置距离巷道左帮 2 m,普通支护下小煤柱中垂直应力峰值位置距离巷道左帮 3 m;实体煤中三

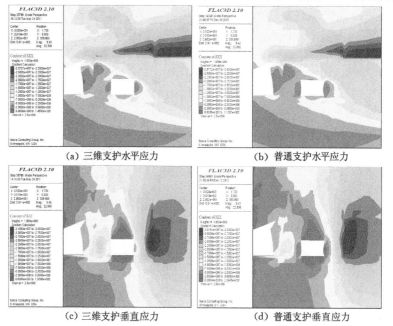

(a) 三维支护水平应力   (b) 普通支护水平应力

(c) 三维支护垂直应力   (d) 普通支护垂直应力

图 4-23　回采 10 m 时巷道围岩应力云图

维支护下的水平应力和普通支护下的分布情况相似,三维支护下的垂直应力峰值小于普通支护,但三维支护下的最大应力值出现位置距右帮距离要小于普通支护,两种支护方式下实体煤中最大水平应力位置距离巷道右帮都在 4.5 m 左右,三维支护下实体煤中最大应力出现位置距巷道右帮 3.0 m,普通支护下实体煤中最大应力出现位置距巷道右帮 4.0 m;小煤柱中的水平应力是三维支护大于普通支护,实体煤中的最大水平应力值在普通支护与三维支护下几乎相同,但在所取的 15 m 长实体煤段上,最大应力值点向右区域的水平应力值都是普通支护大于三维支护。三维支护下小煤柱中水平、垂直应力最大值分别为 4.63 MPa 和 16.4 MPa,实体煤中水平、垂直应力最大值分别为 13.9 MPa 和 31.8 MPa,普通支护下小煤柱中水平、垂直应力最大值分别为 5.09 MPa 和 13.8 MPa,实体煤中水平、垂直应力最大值分别为 12.2 MPa 和 31.3 MPa;小煤柱中三维支护下垂直应力最大值相比普通支护下增幅为 18.8%。两种支护方式下实体煤中最大垂直应力值相同。

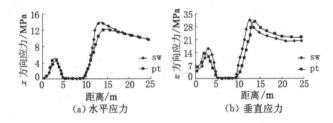

图 4-24　回采 10 m 时巷道围岩应力比较曲线

(2) 回采 20 m 时巷道围岩应力分布

工作面回采 20 m 时两种支护方式下巷道水平、垂直应力分布云图如图 4-25 所示。其巷道围岩水平、垂直应力分布情况和回采 10 m 时大致相同,在此不再重复解释。两种支护方式下的巷道两侧煤柱应力分布曲线比较如图 4-26 所示。由图可知,三维支护下小煤柱中水平、垂直应力最大值分别为 4.85 MPa 和 16.6 MPa,实体煤中水平、垂直应力最大值分别为 14.9 MPa 和 34.8 MPa,普通支护下小煤柱中水平、垂直应力最大值分别为 5.14 MPa 和 12.6 MPa,实体煤中水平、垂直应力最大值分别为 12.5 MPa 和 32.8 MPa,小煤柱中三维支护下垂直应力最大值相比普通支护下增幅为 32.8%,实体煤中三维支护下垂直应力最大值相比普通支护下增幅为 6.10%;两种支护方式下小煤柱中的水平应力最大值都出现在距离巷道左帮 2 m 左右位置处,三维支护下小煤柱中垂直应力峰值位置距离巷道左帮 2 m,普通支护下小煤柱中垂直应力峰值位置距离巷道左帮 3 m,两种支护方式下实体煤中最大水平应力位置距离巷道右帮都在 4.5 m

左右,三维支护下实体煤中最大垂直应力位置距巷道右帮 3.1 m,普通支护下实体煤中最大垂直应力位置距巷道右帮 4.2 m。

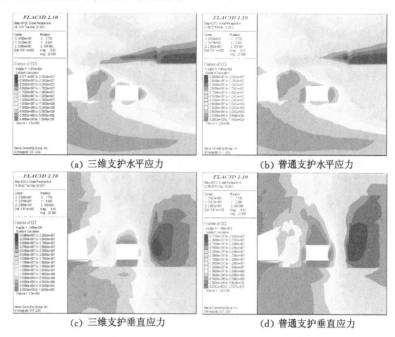

图 4-25　回采 20 m 时巷道围岩应力云图

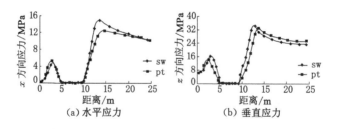

图 4-26　回采 20 m 时巷道围岩应力曲线比较

(3) 回采 30 m 时巷道围岩应力分布

工作面回采 30 m 时两种支护方式下巷道水平、垂直应力分布云图如图 4-27 所示。两种支护方式下巷道围岩的水平应力分布情况和工作面推进 10 m、20 m 时的分布情况变化不大,不同之处在于三维支护下的巷道顶板和两帮附近煤(岩)体中的垂直应力值明显要小于推进 10 m、20 m 时的应力值;二维支护下巷道右侧煤柱高应力区在垂直方向上主要位于巷道腰线至顶板之间,而普通支护下高应力区已经分布到整个煤层高度。两种支护方式下的巷道两侧煤柱应力分布曲线比较如图 4-28 所示。由图可知,三维支护下小煤柱中水平、垂直应力最大值分别为 5.07 MPa 和 17.0 MPa,实体煤中水平、垂直应力最大值分别为 16.0 MPa 和 38.0 MPa,普通支护下小煤柱中水平、垂直应力最大值分别为 5.21 MPa 和 13.4 MPa,实体煤中水平、垂直应力最大值分别为 13.2 MPa 和 35.4 MPa,小煤柱中三维支护下垂直应力最大值相比普通支护下增幅为 26.9%,实体煤中三维支护下垂直应力最大值相比普通支护下增幅为 7.34%;两种支护方式下小煤柱中的水平应力最大值都出现在距离巷道左帮 2 m 左右位置处,三维支护下小煤柱中垂直应力峰值位置距离巷道左帮 2 m,普通支护下小煤柱中垂直应力峰值位置距离巷道左帮 3 m,两种支护方式下实体煤中最大水平应力位置距离巷道右帮都在 4.5 m 左右,三维支护下实体煤中最大垂直应力位置距巷道右帮 3.1 m,普通支护下实体煤中最大垂直应力位置距巷道右帮 4.2 m。

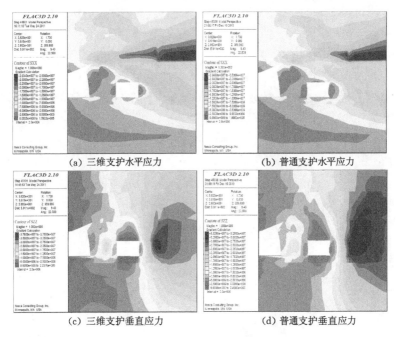

(a) 三维支护水平应力   (b) 普通支护水平应力

(c) 三维支护垂直应力   (d) 普通支护垂直应力

图 4-27 回采 30 m 时巷道围岩应力云图

(4) 回采 40 m 时巷道围岩应力分布

工作面回采 40 m 时两种支护方式下巷道水平、垂直应力分布云图如图 4-29 所示。由水平应力云图可知,在工作面回采 40 m 时,水平方向高应力集中区域范围明显小于回采 30 m 时的高应力集中区域;三维支护下巷道垂直应

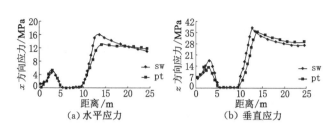

图 4-28　回采 30 m 时巷道围岩应力比较曲线

力最大值仍然出现在巷道右侧腰线以上的位置,但高应力集中区域已经分布到整个煤层及其上方的岩层中。普通支护下巷道两帮的垂直应力值都很小,而三维支护下两帮煤体依然具有一定的垂直应力,还具有一定的抗垂直变形能力。

两种支护方式下的巷道两侧煤柱应力分布曲线比较如图 4-30 所示。从水平应力曲线可以看到,三维支护下实体煤中的最大应力值仍然位于距巷道右帮 4 m 左右位置处,而普通支护下其在距巷道右帮 0～4 m 阶段增大,随深度加大,应力值呈现波动变化,在深度为 10 m 左右地方应力值最大,这与前面所述的应力分布情况有所不同。三维支护下小煤柱中水平、垂直应力最大值分别为 5.29 MPa 和 17.1 MPa,实体煤中水平、垂直应力最大值分别为 17.3 MPa 和

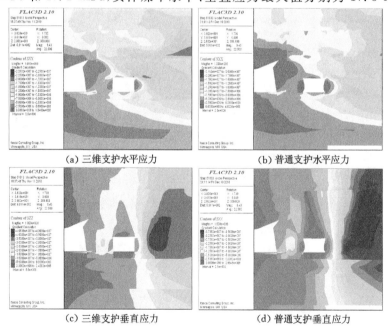

图 4-29　回采 40 m 时巷道围岩应力云图

41.1 MPa,普通支护下小煤柱中水平、垂直应力最大值分别为 5.46 MPa 和 13.3 MPa,实体煤中水平、垂直应力最大值分别为 13.0 MPa 和 37.3 MPa,小煤柱中三维支护下垂直应力最大值相比普通支护下增幅为 28.6%,实体煤中三维支护下垂直应力最大值相比普通支护下增幅为 10.2%;两种支护方式下小煤柱中的水平应力最大值都出现在距离巷道左帮 2 m 左右位置处,三维支护下小煤柱中垂直应力峰值位置距离巷道左帮 2 m,普通支护下小煤柱中垂直应力峰值位置距离巷道左帮 3 m,三维支护下实体煤中最大水平应力位置距离巷道右帮都在 4.5 m 左右,而普通支护下实体煤中水平应力峰值位于巷道右帮内 10 m 左右距离。三维支护下实体煤中最大垂直应力位置距巷道右帮 3.5 m,普通支护下实体煤中最大垂直应力位置距巷道右帮 4.2 m。

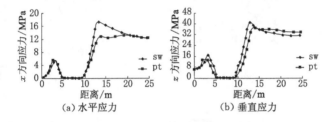

图 4-30　回采 40 m 时巷道围岩应力比较曲线

（5）回采 50 m 时巷道围岩应力分布

工作面回采 50 m 时两种支护方式下巷道水平、垂直应力分布云图如图 4-31 所示,此时后方采空区接地。巷道围岩的水平方向最大应力集中区域位于巷道右侧与巷道顶板高度接近的一斜条形区域中,普通支护下的高应力集中区域范围大于三维支护下。采空区下沉所引起的前方煤柱应力重分布作用进一步增大,导致在巷道右侧煤柱和 15 m 厚煤层上方的岩层中都出现了较大的相比周围应力要稍大的高应力集中区域,普通支护下巷道右侧岩体的最大应力没有明显地高于周围其他区域的高应力集中区域,煤体和覆岩中的应力值相近且都很大,三维支护下小煤柱正中位置依然存在一定的高应力集中区域。

两种支护方式下的巷道两侧煤柱应力分布曲线比较如图 4-32 所示。由图可知,三维支护下小煤柱中水平应力、垂直应力最大值分别为 5.05 MPa 和 17.3 MPa,实体煤中水平、垂直应力最大值分别为 18.0 MPa 和 40.8 MPa,普通支护下小煤柱中水平、垂直应力最大值分别为 6.09 MPa 和 15.5 MPa,实体煤中水平、垂直应力最大值分别为 15.1 MPa 和 39.8 MPa,小煤柱中三维支护下垂直应力最大值相比普通支护下的增幅为 11.6%,实体煤中三维支护下垂直应力最大值相比普通支护下的增幅为 2.51%;两种支护方式下小煤柱中的水平应力最大值都出现在距离巷道左帮 2 m 左右位置处,三维支护下小煤柱中垂直应力峰值位置距离巷道左帮 2 m,普通支护下小煤柱中垂直应力峰值位置距离巷道左帮 3 m,两种支护方式下实体煤中最大水平应力位置距离巷道右帮都在 4.5 m 左右,三维支护下实体煤中最大垂直应力位置距巷道右帮 4.2 m,普通支护下实体煤中最大垂直应力位置距巷道右帮 4.2 m。

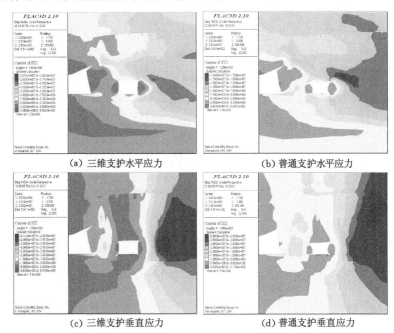

(a) 三维支护水平应力 　　　　　　(b) 普通支护水平应力

(c) 三维支护垂直应力 　　　　　　(d) 普通支护垂直应力

图 4-31　回采 50 m 时巷道围岩应力云图

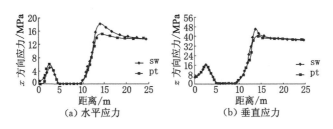

(a) 水平应力 　　　　　　(b) 垂直应力

图 4-32　回采 50 m 时巷道围岩应力曲线比较

4.2.4　巷道断面尺寸为 5.0 m×3.2 m 下巷道围岩应力分布规律

(1) 回采 10 m 时巷道围岩应力分布

工作面回采 10 m 时两种支护方式下巷道水平、垂直应力分布云图如

图 4-33 所示。由图可知,巷道两帮向煤层内部 1 m 左右距离范围为水平应力释放区,高水平应力主要分布在煤层和其上方岩层相交区域;两种支护方式下巷道左侧小煤柱中的垂直应力高应力集中区域位于小煤柱中心部分,实体煤中高应力集中区域近似占据了整个煤层高度。三维支护下巷道实体煤中的最大应力值小于普通支护下的,而小煤柱中的最大应力大于普通支护下的。三维支护下,由于三维锚索作用,巷道顶板和两帮附近煤(岩)体的垂直应力都没有得到充分的释放,而普通支护下巷道顶板和两帮附近煤(岩)体的垂直应力值都很小。

两种支护方式下的巷道两侧煤柱应力分布曲线比较如图 4-34 所示。观察曲线可知,两种支护方式下巷道两侧煤柱的水平应力与垂直应力分布具有类似的规律:小煤柱中水平、垂直应力都是中间位置处应力值大,然后向两侧逐渐减小;实体煤中应力由巷道右帮向煤柱内部近似呈线性增大趋势,在达到应力峰值后,随着距离的继续增大,应力值有所回落,并趋于一个稳定值,所取实体煤15 m 长度范围内任意一个测点的超前应力都明显大于小煤柱中最大应力值。比较应力曲线可知,小煤柱中的水平应力在两种支护方式下相差不大,而垂直应力明显大于普通支护下的,两种支护方式下水平应力最大值都出现在距离巷道左帮 2 m 左右位置处,三维支护下小煤柱中垂直应力峰值位置距离巷道左帮2 m,普通支护下小煤柱中垂直应力峰值位置距离巷道左帮 3 m;实体煤中三维

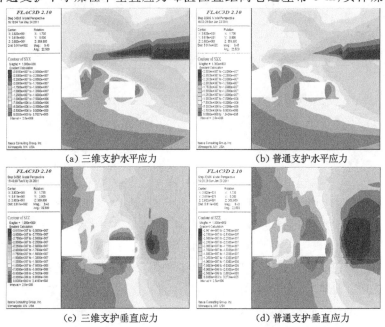

(a) 三维支护水平应力   (b) 普通支护水平应力

(c) 三维支护垂直应力   (d) 普通支护垂直应力

图 4-33　回采 10 m 时巷道围岩应力云图

支护下的水平应力和普通支护下的分布情况相似,三维支护下的垂直应力峰值小于普通支护,但三维支护下的最大应力值出现位置距右帮距离要小于普通支护,两种支护下实体煤中最大水平应力位置距离巷道右帮都在 4.5 m 左右,三维支护方式下实体煤中最大应力位置距巷道右帮 3.0 m,普通支护下实体煤中最大应力位置距巷道右帮 4.6 m;小煤柱中的水平应力是三维支护大于普通支护,实体煤中的最大水平应力值在普通支护下与三维支护下几乎相同,但在所取的 15 m 长实体煤段上,最大应力值点向右区域的水平应力值都是普通支护大于三维支护。三维支护下小煤柱中水平、垂直应力最大值分别为 4.37 MPa 和 16.0 MPa,实体煤中水平、垂直应力最大值分别为 13.4 MPa 和 30.4 MPa,普通支护下小煤柱中水平、垂直应力最大值分别为 5.08 MPa 和 12.7 MPa,实体煤中水平、垂直应力最大值分别为 12.4 MPa 和 31.2 MPa;小煤柱中三维支护下垂直应力最大值相比普通支护下的增幅为 26.0%,两种支护方式下实体煤中最大垂直应力值相同。

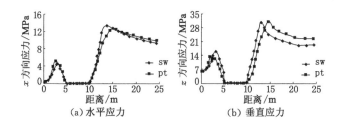

(a) 水平应力　　　　　(b) 垂直应力

图 4-34　回采 10 m 时巷道围岩应力曲线比较

(2) 回采 20 m 时巷道围岩应力分布

工作面回采 20 m 时两种支护方式下巷道水平、垂直应力分布云图如图 4-35 所示。其巷道围岩水平、垂直应力分布情况和回采 10 m 时大致相同,在此不再重复解释。两种支护方式下的巷道两侧煤柱应力分布曲线比较如图 4-36 所示。由图可知,三维支护下小煤柱中水平、垂直应力最大值分别为 4.72 MPa 和 16.3 MPa,实体煤中水平、垂直应力最大值分别为 14.3 MPa 和 34.0 MPa,普通支护下小煤柱中水平、垂直应力最大值分别为 5.12 MPa 和 12.7 MPa,实体煤中水平、垂直应力最大值分别为 12.8 MPa 和 33.0 MPa,小煤柱中三维支护下垂直应力最大值相比普通支护下的增幅为 27.3%,实体煤中三维支护下垂直应力最大值相比普通支护下的增幅为 3.03%;两种支护方式下小煤柱中的水平应力最大值都出现在距离巷道左帮 2 m 左右位置处,三维支护下小煤柱中垂直应力峰值位置距离巷道左帮 2 m,普通支护下小煤柱中垂直应力峰值位置距离巷道左帮 3 m,两种支护方式下实体煤中最大水平应力位置距离巷道右帮都在

4.5 m 左右,三维支护下实体煤中最大垂直应力位置距巷道右帮 3.0 m,普通支护下实体煤中最大垂直应力位置距巷道右帮 4.6 m。

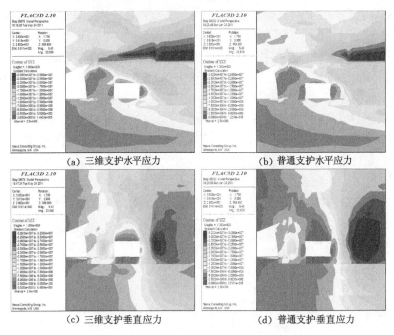

（a）三维支护水平应力　　　　　（b）普通支护水平应力

（c）三维支护垂直应力　　　　　（d）普通支护垂直应力

图 4-35　回采 20 m 时巷道围岩应力云图

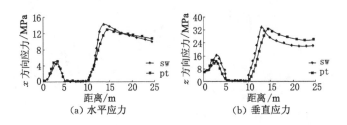

（a）水平应力　　　　　　（b）垂直应力

图 4-36　回采 20 m 时巷道围岩应力曲线比较

（3）回采 30 m 时巷道围岩应力分布

工作面回采 30 m 时两种支护方式下巷道水平、垂直应力分布云图如图 4-37 所示。两种支护方式下巷道围岩的水平应力分布情况和工作面推进 10 m、20 m 时的分布情况变化不大,不同之处在于三维支护下的巷道顶板和两帮附近煤（岩）体中的垂直应力明显要小于推进到 10 m、20 m 的应力值;三维支护下巷道右侧煤柱高应力区在垂直方向上主要位于巷道腰线至顶板之间,而普通支护下高应力区已经分布到整个煤层高度。

两种支护方式下的巷道两侧煤柱应力分布曲线比较如图 4-38 所示。由图可知,三维支护下小煤柱中水平、垂直应力最大值分别为 4.95 MPa 和 16.7 MPa,实体煤中水平、垂直应力最大值分别为 15.5 MPa 和 37.1 MPa,普通支护下小煤柱中水平、垂直应力最大值分别为 5.21 MPa 和 12.7 MPa,实体煤中水平、垂直应力最大值分别为 13.7 MPa 和 35.4 MPa,小煤柱中三维支护下垂直应力最大值相比普通支护下增幅为 31.5%,实体煤中三维支护下垂直应力最大值相比普通支护下增幅为 4.80%;两种支护方式下小煤柱中的水平应力最大值都出现在距离巷道左帮 2 m 左右位置处,三维支护下小煤柱中垂直应力峰值位置距离巷道左帮 2 m,普通支护下小煤柱中垂直应力峰值位置距离巷道左帮 3 m,两种支护方式下实体煤中最大水平应力位置距离巷道右帮都在 4.5 m 左右,三维支护下实体煤中最大垂直应力位置距巷道右帮 3.0 m,普通支护下实体煤中最大垂直应力位置距巷道右帮 4.6 m。

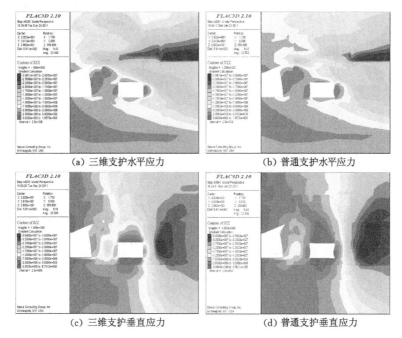

（a）三维支护水平应力　　　　　　　（b）普通支护水平应力

（c）三维支护垂直应力　　　　　　　（d）普通支护垂直应力

图 4-37　回采 30 m 时巷道围岩应力云图

（4）回采 40 m 时巷道围岩应力分布

工作面回采 40 m 时两种支护方式下巷道水平、垂直应力分布云图如图 4-39 所示。由水平应力云图可知,在工作面回采 40 m 时,水平方向高应力集

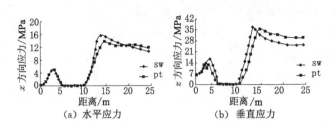

图 4-38 回采 30 m 时巷道围岩应力曲线比较

中区域明显小于回采 30 m 时的高应力集中区域;三维支护下巷道垂直应力最大值仍然出现在巷道右侧腰线以上的位置,但高应力区域已经分布到整个煤层及其上方的岩层中。普通支护下巷道两帮的垂直应力值都很小,而三维支护下两帮煤体依然具有一定的垂直应力,还具有一定的抗垂直变形能力。

两种支护方式下的巷道两侧煤柱应力分布曲线比较如图 4-40 所示。从水平应力曲线可以看到,三维支护下实体煤中的最大应力值仍然位于巷道右帮 4 m 左右位置处,而普通支护下其在 0~4 m 阶段增长,随深度加大,应力值呈现波动变化,且在 6~15 m 阶段应力值和 4 m 处的应力峰值近似相等。通过垂直应力曲线可以看到,实体煤在 5~15 m 阶段内的应力值都和峰值近似相等;三

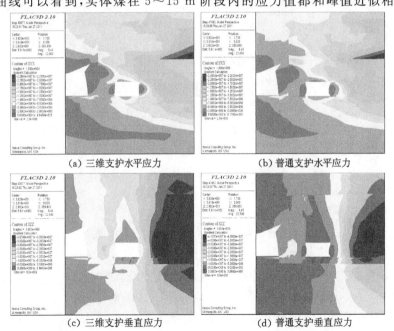

图 4-39 回采 40 m 时巷道围岩应力云图

维支护下小煤柱中水平、垂直应力最大值分别为 5.21 MPa 和 16.8 MPa,实体煤中水平、垂直应力最大值分别为 16.5 MPa 和 40.8 MPa,普通支护下小煤柱中水平、垂直应力最大值分别为 5.47 MPa 和 13.2 MPa,实体煤中水平、垂直应力最大值分别为 14.9 MPa 和 39.7 MPa,小煤柱中三维支护下垂直应力最大值相比普通支护下的增幅为 27.3%,实体煤中三维支护下垂直应力最大值相比普通支护下的增幅为 2.77%;两种支护方式下小煤柱中的水平应力最大值都出现在距离巷道左帮 2 m 左右位置处,三维支护下小煤柱中垂直应力峰值位置距离巷道左帮 2 m,普通支护下小煤柱中垂直应力峰值位置距离巷道左帮 3 m,两种支护方式下实体煤中最大水平应力位置距离巷道右帮都在 4.5 m 左右,但在普通支护下水平应力在 5~15 m 段呈波浪形分布,且应力值与应力峰值相近,三维支护下实体煤中最大垂直应力位置距巷道右帮 3.7 m,普通支护下实体煤中最大垂直应力位置距巷道右帮 4.6 m。

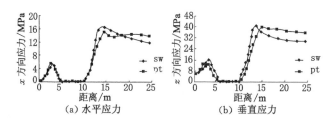

图 4-40　回采 40 m 时巷道围岩应力曲线比较

(5) 回采 50 m 时巷道围岩应力分布

工作面回采 50 m 时两种支护方式下巷道水平、垂直应力分布云图如图 4-41 所示,此时后方采空区接地。巷道围岩的水平方向最大应力集中区域位于巷道右侧与巷道顶板高度接近的一斜条形区域中,普通支护下的高应力集中区域范围大于三维支护下。采空区下沉所引起的前方煤柱应力重分布作用进一步增大,导致在巷道右侧煤柱和 17 m 厚煤层上方的岩层中都出现了较大的相比周围应力要稍大的高应力集中区域,普通支护下巷道右侧岩体的最大应力没有明显地高于周围其他区域的高应力集中区域,煤体和覆岩中的应力值相近且都很大,三维支护下小煤柱正中位置依然存在一定的应力集中区域。

两种支护方式下的巷道两侧煤柱应力分布曲线比较如图 4-42 所示。由图可以看到,三维支护下实体煤中距离巷道右帮 4 m 左右位置出现一个明显的应力峰值,而普通支护下实体煤中的水平、垂直应力在 10 m 左右范围内都呈增大趋势,在 10~15 m 范围内应力值接近相同。三维支护下小煤柱中水平、垂直应力最大值分别为 5.84 MPa 和 18.4 MPa,实体煤中水平、垂直应力最大值分别

为 16.8 MPa 和 40.8 MPa,普通支护下小煤柱中水平、垂直应力最大值分别为
6.47 MPa 和 15.9 MPa,实体煤中水平、垂直应力最大值分别为 13.3 MPa 和
35.2 MPa,小煤柱中三维支护下垂直应力最大值相比普通支护下增幅为
15.7%,实体煤中三维支护下垂直应力最大值相比普通支护下增幅为 15.9%;
三维支护下小煤柱中水平应力最大值和垂直应力峰值都出现在距离巷道左帮
2 m 左右位置处,普通支护下小煤柱中水平、垂直应力峰值位置都距离巷道左帮
3 m,三维支护下实体煤中水平应力最大值位置距离巷道右帮 4.5 m 左右,垂直
应力峰值位置距离巷道右帮 3.7 m,而普通支护下实体煤中水平、垂直应力峰值
位置都距离巷道右帮 10 m 左右。

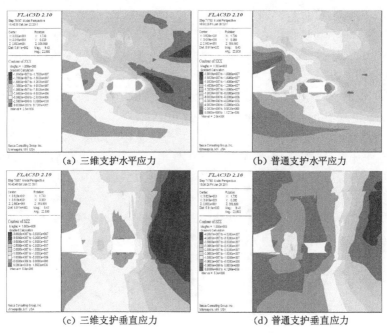

图 4-41　回采 50 m 时巷道围岩应力云图

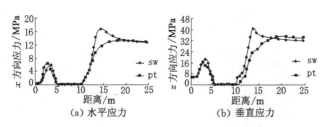

图 4-42　回采 50 m 时巷道围岩应力曲线比较

4.2.5 巷道断面尺寸 5.5 m×3.2 m 下巷道围岩应力分布规律

(1) 回采 10 m 时巷道围岩应力分布

工作面回采 10 m 时两种支护方式下巷道水平、垂直应力分布云图如图 4-43 所示。由图可知,巷道两帮向煤层内部 1 m 左右范围为水平应力释放区,高水平应力主要分布在煤层和其上方岩层相交区域;两种支护方式下巷道左侧小煤柱中的垂直应力高应力集中区域位于小煤柱中心部分,实体煤中高应力区集中域近似占据了整个煤层高度。三维支护下巷道实体煤中的最大集中应力值小于普通支护下,而小煤柱中的最大应力大于普通支护下。三维支护下,由于三维锚索作用,巷道顶板和两帮附近煤(岩)体的垂直应力都没有得到充分的释放,而普通支护下巷道顶板和两帮附近煤(岩)体的垂直应力值都很小。

两种支护方式下的巷道两侧煤柱应力分布曲线比较如图 4-44 所示。观察曲线可知,两种支护方式下巷道两侧煤柱的水平应力与垂直应力分布具有类似的规律:小煤柱中水平、垂直应力都是中间位置处应力值大,然后向两侧逐渐减小;实体煤中应力由巷道右帮向煤柱内部近似呈线性增大趋势,在达到应力峰值后,随着距离的继续增大,应力值有所回落,并趋向于一个稳定值,所取实体煤 15 m 长度范围内任意一个测点的超前应力都明显大于小煤柱中最大应力值。比较应力曲线可

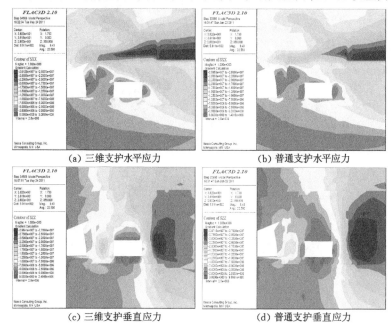

(a) 三维支护水平应力   (b) 普通支护水平应力

(c) 三维支护垂直应力   (d) 普通支护垂直应力

图 4-43 回采 10 m 时巷道围岩应力云图

知,小煤柱中的水平应力在两种支护方式下相差不大,垂直应力明显大于普通支护下,两种支护方式下水平应力最大值都出现在距离巷道左帮 2 m 左右位置处,三维支护下小煤柱中垂直应力峰值位置距离巷道左帮 2 m,普通支护下小煤柱中垂直应力峰值位置距离巷道左帮 3 m;实体煤中三维支护下的水平应力和普通支护分布情况相似,三维支护下的垂直应力峰值小于普通支护下,但三维支护下的最大应力值出现位置距右帮距离要小于普通支护下,两种支护方式下实体煤中最大水平应力位置距离巷道右帮都在 4.5 m 左右,三维支护下实体煤中最大应力距巷道右帮 3.2 m,普通支护下实体煤中最大应力距巷道右帮 4.3 m;小煤柱中的水平应力是三维支护下大于普通支护下,实体煤中的最大水平应力值在普通支护下与三维支护下几乎相同,但在所取的长 15 m 煤柱段上,最大应力值点向右区域的水平应力值都是普通支护下大于三维支护下。三维支护下小煤柱中水平、垂直应力最大值分别为 4.26 MPa 和 16.0 MPa,实体煤中水平、垂直应力最大值分别为 13.3 MPa 和 29.7 MPa,普通支护下小煤柱中水平、垂直应力最大值分别为 5.08 MPa 和 13.6 MPa,实体煤中水平、垂直应力最大值分别为 12.1 MPa 和 30.8 MPa;小煤柱中三维支护下垂直应力最大值相比普通支护下增幅为 17.6%,实体煤中普通支护下垂直应力最大值相比三维支护下增幅为 3.70%。

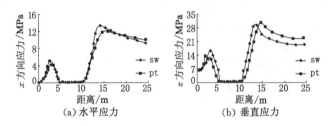

图 4-44　回采 10 m 时巷道围岩应力曲线比较

(2) 回采 20 m 时巷道围岩应力分布

工作面回采 20 m 时两种支护方式下巷道水平、垂直应力分布云图如图 4-45 所示。其巷道围岩水平、垂直应力分布情况和回采 10 m 时大致相同,在此不再重复解释。两种支护方式下的巷道两侧煤柱应力分布曲线比较如图 4-46 所示。由图可知,三维支护下小煤柱中水平、垂直应力最大值分别为 4.72 MPa 和 16.3 MPa,实体煤中水平、垂直应力最大值分别为 14.4 MPa 和 33.5 MPa,普通支护下小煤柱中水平、垂直应力最大值分别为 5.12 MPa 和 12.7 MPa,实体煤中水平、垂直应力最大值分别为 12.5 MPa 和 32.5 MPa,小煤柱中三维支护下垂直应力最大值相比普通支护增幅为 28.3%,实体煤中三维支护下垂直应力最大值相比普通支护增幅为 3.08%;两种支护方式下小煤柱中的水平应力最大值都出现在距离巷道左帮 2 m 左右位置处,三维支护下小煤柱中垂直应力峰值位置距离巷道左帮 2 m,普通支护下小煤柱中垂直应力峰值位置距离巷道左帮 3 m,两种支护方式下实体煤中最大水平应力位置距离巷道右帮都在 4.5 m 左右,三维支护下实体中煤最大垂直应力位置距巷道右帮 3.2 m,普通支护下实体煤中最大垂直应力位置距巷道右帮 4.1 m。

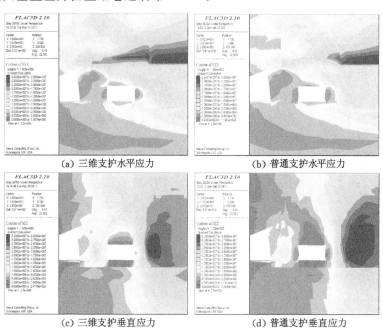

(a) 三维支护水平应力　　　　　　(b) 普通支护水平应力

(c) 三维支护垂直应力　　　　　　(d) 普通支护垂直应力

图 4-45　回采 20 m 时巷道围岩应力云图

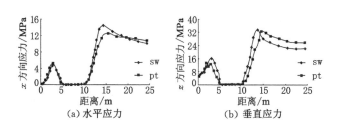

(a) 水平应力　　　　　　　　(b) 垂直应力

图 4-46　回采 20 m 时巷道围岩应力曲线比较

(3) 回采 30 m 时巷道围岩应力分布

工作面回采 30 m 时两种支护方式下巷道水平、垂直应力分布云图如图 4-47 所示。两种支护方式下巷道围岩的水平应力分布情况和工作面推进

10 m、20 m 时的分布情况变化不大,不同之处在于三维支护下的巷道顶板和两帮附近煤(岩)体中的垂直应力明显要小于推进到 10 m、20 m 时的应力值;三维支护下巷道右侧煤柱高应力区在垂直方向上主要位于巷道腰线至顶板之间,而普通支护下高应力区已经分布到整个煤层高度。

两种支护方式下的巷道两侧煤柱应力分布曲线比较如图 4-48 所示。由图可知,三维支护下小煤柱中水平应力、垂直应力最大值分别为 4.95 MPa 和 16.7 MPa,实体煤中水平、垂直应力最大值分别为 15.6 MPa 和 37.3 MPa,普通支护下小煤柱中水平、垂直应力最大值分别为 5.22 MPa 和 13.2 MPa,实体煤中水平、垂直应力最大值分别为 13.1 MPa 和 35.3 MPa,小煤柱中三维支护下垂直应力最大值相比普通支护增幅为 26.5%,实体煤中三维支护下垂直应力最大值相比普通支护增幅为 5.67%;两种支护方式下小煤柱中的水平应力最大值都出现在距离巷道左帮 2 m 左右位置处,三维支护下小煤柱中垂直应力峰值位置距离巷道左帮 2 m,普通支护下小煤柱中垂直应力峰值位置距离巷道左帮 3 m,两种支护方式下实体煤中最大水平应力位置距离巷道右帮都在 4.5 m 左右,三维支护下实体煤中最大垂直应力位置距巷道右帮 3.0 m,普通支护下实体煤中最大垂直应力位置距巷道右帮 4.6 m。

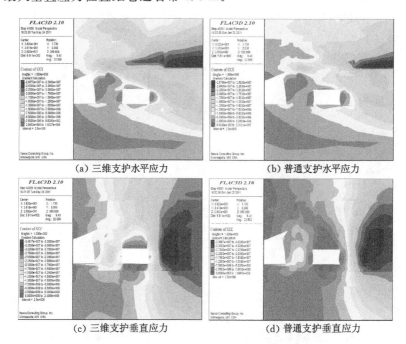

(a) 三维支护水平应力　　　　　(b) 普通支护水平应力

(c) 三维支护垂直应力　　　　　(d) 普通支护垂直应力

图 4-47　回采 30 m 时巷道围岩应力云图

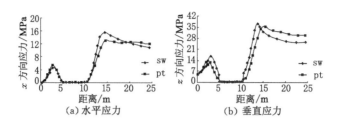

图 4-48　回采 30 m 时巷道围岩应力曲线比较

（4）回采 40 m 时巷道围岩应力分布

工作面回采 40 m 时两种支护方式下巷道水平、垂直应力分布云图如图 4-49 所示。由水平应力云图可知，在工作面回采 40 m 时，水平方向高应力集中区域范围明显小于回采 30 m 时的高应力集中区域范围；三维支护下巷道垂直应力最大值仍然出现在巷道右侧腰线以上的位置，但高应力集中区域已经分布到整个煤层及其上方的岩层中。普通支护下巷道两帮的垂直应力值都很小，而三维支护下两帮煤体依然具有一定的垂直应力，还具有一定的抗垂直变形能力。

两种支护方式下的巷道两侧煤柱应力分布曲线比较如图 4-50 所示。从水

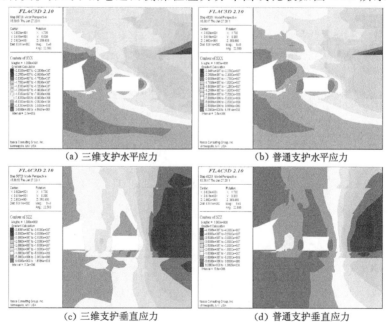

(a) 三维支护水平应力　　　　　　(b) 普通支护水平应力

(c) 三维支护垂直应力　　　　　　(d) 普通支护垂直应力

图 4-49　回采 40 m 时巷道围岩应力云图

平应力曲线可以看到,三维支护下实体煤中的最大应力值仍然位于巷道右帮 4 m 左右位置处,而普通支护下其在 0～4 m 阶段增长,随深度加大,应力值呈现波动变化,且在 10 m 处应力值超过 4 m 处应力值而达到最大。通过垂直应力曲线可以看到,实体煤在 5～15 m 阶段内的应力值都和峰值接近相同;三维支护下小煤柱中水平、垂直应力最大值分别为 5.17 MPa 和 16.8 MPa,实体煤中水平、垂直应力最大值分别为 16.5 MPa 和 40.7 MPa,普通支护下小煤柱中水平、垂直应力最大值分别为 5.48 MPa 和 13.2 MPa,实体煤中水平、垂直应力最大值分别为 14.3 MPa 和 39.7 MPa,小煤柱中三维支护下垂直应力最大值相比普通支护下增幅为 27.30%,实体煤中三维支护下垂直应力最大值相比普通支护下增幅为 2.52%;两种支护方式下小煤柱中的水平应力最大值都出现在距离巷道左帮 2 m 左右位置处,三维支护下小煤柱中垂直应力峰值位置距离巷道左帮 2 m,普通支护下小煤柱中垂直应力峰值位置距离巷道左帮 3 m,三维支护下实体煤中最大水平应力值位置距离巷道右帮 4.5 m 左右,普通支护下最大应力值位置距离巷道右帮 10 m,三维支护下实体煤中最大垂直应力值位置距巷道右帮 3.2 m,普通支护下实体煤中最大垂直应力值位置距巷道右帮 5.0 m。

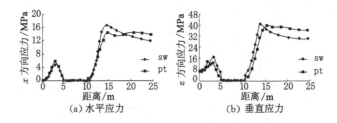

图 4-50　回采 40 m 时巷道围岩应力比较曲线

(5) 回采 50 m 时巷道围岩应力分布

工作面回采 50 m 时两种支护方式下巷道水平、垂直应力分布云图如图 4-51 所示,此时后方采空区接地。巷道围岩的最大水平应力集中区域位于巷道右侧与巷道顶板高度接近的一斜条形区域中,普通支护下的高应力区域范围大于三维支护下。采空区下沉所引起的前方煤柱应力重新分布作用进一步增大,导致在巷道右侧煤柱和 17 m 厚煤层上方的岩层中都出现了比周围应力要稍大的高应力集中区域,普通支护下巷道右侧岩体的最大应力值没有明显地高于周围其他区域高应力集中区域岩体的最大应力值,煤体和覆岩中的应力值相近且都很大,三维支护下小煤柱正中位置依然存在一定的应力集中区域。

两种支护方式下的巷道两侧煤柱应力分布曲线比较如图 4-52 所示。由图可知,三维支护下小煤柱中水平应力、垂直应力最大值分别为 5.86 MPa 和

18.5 MPa，实体煤中水平、垂直应力最大值分别为 16.6 MPa 和 39.9 MPa，普通支护下小煤柱中水平、垂直应力最大值分别为 5.71 MPa 和 14.8 MPa，实体煤中水平、垂直应力最大值分别为 16.8 MPa 和 37.4 MPa，小煤柱中三维支护下垂直应力最大值相比普通支护下增幅为 25.0%，实体煤中三维支护下垂直应力最大值相比普通支护下增幅为 6.68%；三维支护下小煤柱中水平应力最大值和垂直应力最大值都出现在距离巷道左帮 2 m 左右位置，普通支护下小煤柱中水平、垂直应力峰值位置都距离巷道左帮 3 m，两种支护方式下实体煤中最大水平应力位置距离巷道右帮都在 4.0 m 左右，三维支护下和普通支护下实体煤中水平、垂直应力最大值位置都距巷道右帮 4.1 m。

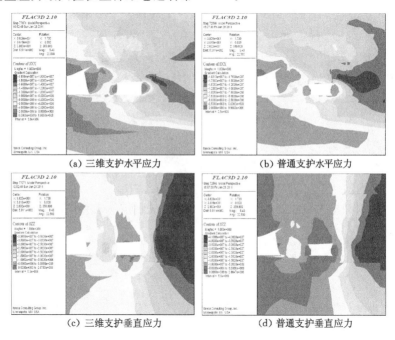

（a）三维支护水平应力　　　　　　　（b）普通支护水平应力

（c）三维支护垂直应力　　　　　　　（d）普通支护垂直应力

图 4-51　回采 50 m 时巷道围岩应力云图

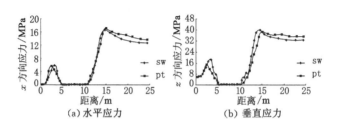

（a）水平应力　　　　　　　（b）垂直应力

图 4-52　回采 50 m 时巷道围岩应力曲线比较

4.2.6　不同断面尺寸下巷道围岩应力比较

前面的分析主要为5种剖面尺寸下的沿空巷道在三维支护下与普通支护下各自的围岩应力分布规律比较分析。下面将从改变巷道断面尺寸角度来分析不同断面尺寸下巷道围岩应力分布规律的异同之处，为了便于分析，规定 3.5 m×3.2 m 断面尺寸巷道为方案1，4.0 m×3.2 m 断面尺寸巷道为方案2，4.5 m×3.2 m 断面尺寸巷道为方案3，5.0 m×3.2 m 断面尺寸巷道为方案4，5.5 m×3.2 m 断面尺寸巷道为方案5。

（1）新型三维支护下不同断面尺寸巷道围岩应力比较

5种剖面尺寸下的沿空巷道在三维支护下的应力比较如图 4-53 所示。其中，方案1～方案5中的5条竖直线从左到右分别代表综采工作面回采 10～50 m 时围岩的最大水平、垂直应力值；图 4-53(a)、(b)为小煤柱中的水平、垂直应力；图 4-53(c)、(d)为实体煤中的水平、垂直应力。

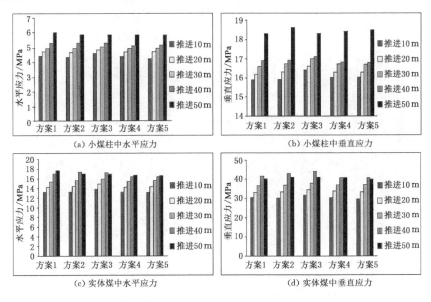

图 4-53　新型三维支护下不同断面尺寸巷道围岩应力比较

通过图 4-53(a)～(d)5 种方案下柱状图的应力值大小可以得到如下规律：① 工作面回采过程中巷道围岩的水平、垂直应力在不同尺寸断面下的应力值相差很小，5 种方案下随工作面推进距离加大而引起的小煤柱和实体煤中应力变化规律也大致保持一致，这说明巷道断面尺寸的变化对巷道围岩的应力分布影响作用较小；② 小煤柱中的水平应力在工作面回采过程中增量较小，垂直应力在前40 m回采过程中变化较小,在回采到50 m时应力增幅相对较大,实体煤中的水平应力在工作面回采过程中大致呈线性增大趋势,而垂直应力在前40 m回采过程中呈现增大趋势,而在工作面推进到50 m时应力值有所降低,但降低的幅度不大。这里需要说明的是,在工作面推进的前40 m后方采空区都没有接地,在工作面推进到50 m时后方采空区接地,因为此时后方采空区的大变形引起前方实体煤也要发生相比前面40 m推进时更大的变形,而出现变形则意味着应力的释放,因此应力值相比反而有所降低。

(2) 普通支护下不同断面尺寸巷道围岩应力比较

图4-54(a)、(b)为普通支护下小煤柱中的水平、垂直应力,图4-54(c)、(d)为普通支护下实体煤中的水平、垂直应力。与三维支护下相似,普通支护下工作面回采过程中巷道围岩的水平、垂直应力在不同尺寸断面下的应力值相差很小,5种方案下随工作面推进距离加大而引起的小煤柱和实体煤应力变化规律也大致保持一致。此外,如图4-54(d)所示,实体煤中的垂直应力在前40 m回采过程中呈现增大趋势,而在工作面推进到50 m时应力值有所降低;同时也有一些不同之处:观察图4-54(a)可以看到,普通支护下小煤柱中的水平应力在工作面推进的前40 m时变化量很小,只在工作面推进到50 m时变化量才稍大,其中方案4的变化量相对较大。图4-54(b)的垂直应力也有近似的规律(方案2在推进到40 m时应力值较大),这说明在普通支护下小煤柱在工作面推进过程中主要表现为煤柱整体的变形量增大而不是承载应力的增大,这一点与前面的三维支

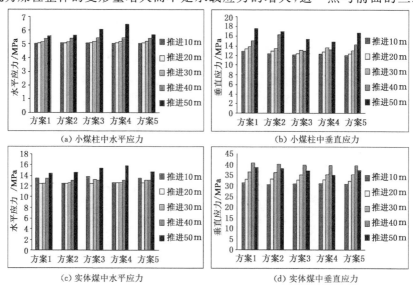

图4-54 普通支护下不同断面尺寸巷道围岩应力比较

护下的应力变化趋势区别明显。观察图 4-54(c)可知,在工作面推进前 40 m 的水平应力值也大致相同,在推进到 50 m 时增幅相对较大。

4.3 不同锚索预紧力对围岩作用结果分析

为了研究锚索在不同预紧力条件下巷道围岩应力分布规律,对三维锚索分别施加 0 kN、10 kN、30 kN、50 kN、100 kN、200 kN 预紧力,并建立模型进行计算,得到的不同预紧力条件下巷道顶板、围岩应力分布云图如图 4-55、图 4-56 所示。

(1) 不同锚索预紧力下巷道顶板预应力场分布云图

不同锚索预紧力引起的巷道顶板沿巷道轴向的垂直应力场分布情况如图 4-55 所示。应力等值线云图数据表明:在保持锚杆预紧力不变的条件下,巷道顶板压应力随锚索预紧力的增大而增大,在锚索不施加预紧力时,巷道顶板压应力主要由锚杆引起,应力值为 0.1 MPa,预紧力为 10 kN 时,巷道顶板压应力为 1.3 MPa,而在锚索预紧力达到 200 kN 时,顶板的压应力为 0.28 MPa;可以看到当巷道顶板受低预紧力锚索(小于 50 kN)支护时,锚索和锚杆联合支护产生的垂直应力值较小,形成的压应力区范围小,有效压应力区孤立分布,没有连成整体,拉应力区范围大。锚索和锚杆支护对巷道围岩加固作用有限,主动支护效果差;当巷道顶板受高预紧力锚索(大于 100 kN)支护时,锚索预紧力引起的巷道顶板垂直预应力值较大,形成的压应力区范围广,且相互连接、叠加,几乎覆盖了整个顶板,形成有机整体,主动支护作用得到充分发挥。由此可见,预紧力是三维锚索和锚杆实现主动支护的关键参数,对锚杆支护效果,特别是初期支护效果起着非常重要的作用,三维锚索与周围群锚杆对顶板围岩的悬吊作用明显,顶板围岩受锚杆和高应力三维锚索形成的蘑菇形应力场保护,锚索在控制巷道顶板变形的后期将扮演主要角色[192-194]。

(2) 不同锚索预紧力下巷道围岩预应力场分布云图

由图 4-56 可知,锚杆引起的压应力值一般在 4×10^4 Pa 左右;巷道表面的最大垂直应力随锚索预紧力的增大而增大,锚索没加预应力时巷道表面压应力为 1×10^5 Pa 左右,当锚索预紧力为 200 kN 时,巷道表面压应力增加到 3×10^5 kPa 左右,锚索预紧力的增加明显减小了锚杆端部的应力作用范围。

当顶板在低预紧力锚索(小于 50 kN)支护条件下,锚索预紧力作用下形成的压应力区基本相同,而且各压应力区的峰值也相差较小,同时,在锚索预紧力和群锚杆的共同作用下形成的承压拱也基本相同,说明锚索在低预紧力条件下,其通过对群锚杆的相互作用形成承压拱以达到控制围岩变形的效果不明显;顶板在高预紧力锚索(大于 100 kN)支护条件下,由于锚索预紧力的作用,在巷道

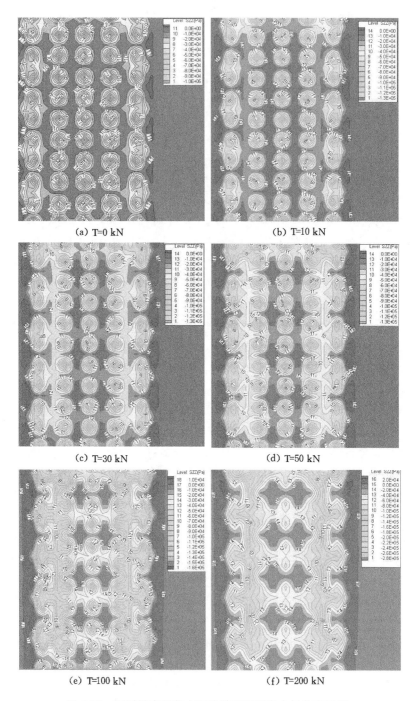

(a) T=0 kN

(b) T=10 kN

(c) T=30 kN

(d) T=50 kN

(e) T=100 kN

(f) T=200 kN

图 4-55 不同锚索预紧力下巷道顶板预应力场分布云图

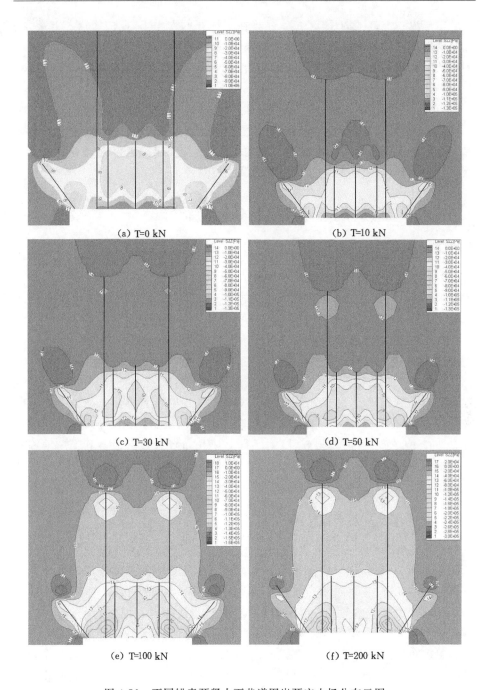

图 4-56　不同锚索预紧力下巷道围岩预应力场分布云图

围岩内形成一定范围的压应力区,并且在群锚杆的作用下,压应力区相互叠加,形成受力比较均匀的具有一定厚度和强度的承压拱[195-198]。锚索在巷道围岩中产生的附加应力场的范围和强度均增大,使巷道较大范围内的围岩处于受压状态,提高了巷道的承载能力。

由以上分析可见,预应力作为锚杆(索)实现主动支护的关键参数,对三维支护效果,特别是初期支护效果起着非常重要的作用,且预应力三维锚索在巷道变形之前能够主动给巷道围岩表面一定的压应力,使表层围岩重新回到三向受力状态,在控制巷道顶板后期变形中将扮演主要角色。

4.4 钻孔卸压巷道围岩应力分布规律

钻孔卸压技术是将巷道周边围岩内的高应力区向巷道围岩深部转移,从而使高应力围岩转化为可以支护的低应力围岩,最终达到减小围岩变形目的的一种支护技术。对处于膨胀变形较大的软弱围岩和高应力围岩内的巷道,采用卸压技术来控制围岩变形是当今最有效的围岩维护方法之一。通常采用的巷道卸压方法主要有:在巷道周边围岩中开槽、切缝、钻孔、松动爆破、无煤柱开采等[174-179]。其中,钻孔卸压技术具有施工方便,施工速度较快,不影响施工工期等特点。

沿空巷道三维锚索支护技术可以较好地控制巷道围岩变形,为了进一步改善巷道围岩应力环境,将采用钻孔卸压技术与三维锚索支护技术相结合的方法来提高支护效果,使高应力围岩转化为低应力围岩,从而达到减小围岩变形的目的。通过 FLAC³D 数值模拟软件,对不同卸压孔布置方式下沿空巷道三维锚索支护围岩应力分布进行对比分析,进而研究不同卸压孔布置方式下钻孔卸压减小巷道变形与破坏的机理和效果。

4.4.1 卸压孔布置方式设计

卸压孔的大小与布置方式都会对卸压效果造成很大的影响。这里控制卸压孔的半径为 80 mm 来研究卸压孔布置方式对卸压效果的影响。设计 3 种布置方案:单排布置、三花布置、五花布置,如图 4-57 所示。因卸压孔直径只有80 mm,模型网格划分较多,再加上受到 FLAC³D 软件内存限制,最终建立的模型尺寸为长 200 m、宽 16 m、高 80.4 m。

单排卸压孔布置情况为沿煤巷走向,每隔 0.8 m 在实体煤柱中间打一个垂直深度为 6 m 的孔,如图 4-57(a)所示。三花卸压孔布置情况为沿煤巷走向,在实体煤柱高度的 2/5、3/5 处分别打上一排 6 m 深的孔,每排孔与孔之间距离为 0.8 m,上下孔位置正中交错,如图 4-57(b)所示。五花卸压孔布置情况为沿煤巷走向,每隔 1.6 m 在实体煤柱上打一个垂直深度为 6 m 的孔,然后在两个孔中间的垂直线上打两个 6 m 深的孔,位置分别为煤柱高的 1/3、2/3 处,如图 4-57(c)所示。

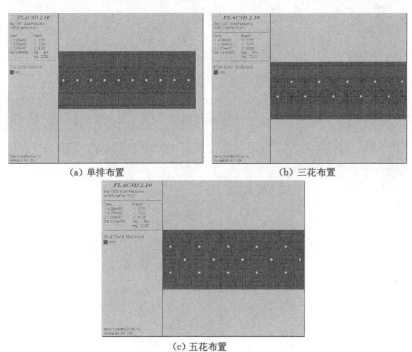

(a) 单排布置　　　　　　　　(b) 三花布置

(c) 五花布置

图 4-57　卸压孔布置图

4.4.2　不同卸压孔布置条件下巷道围岩应力分布特征

（1）不同卸压孔布置条件下实体煤应力分布规律

钻孔卸压技术可以将巷道围岩高应力区向深部转移,可以改善巷道围岩应力环境,提高巷道支护效果。为了研究回采期间不同卸压孔布置情况下高应力区如何向深部转移,取煤柱腰线位置的水平俯视图作为研究对象。不同卸压孔布置方式下煤巷实体煤内水平应力云图如图 4-58 所示。

该应力云图是从巷道右帮开始的,从图上可以看出没有打卸压孔时巷道右帮附近有一小段释放应力区,应力较小,但是紧接着就开始步入高应力区,巷道与高应力区的缓冲带很小,所以巷道右帮实体煤柱很容易受高应力区的影响。而打卸压孔的煤巷从云图上可以很明显地看出有一个较大的缓冲带。缓冲带从卸压孔的尾端开始,水平应力逐渐递增,在距离煤巷较远的地方达到一个峰值。

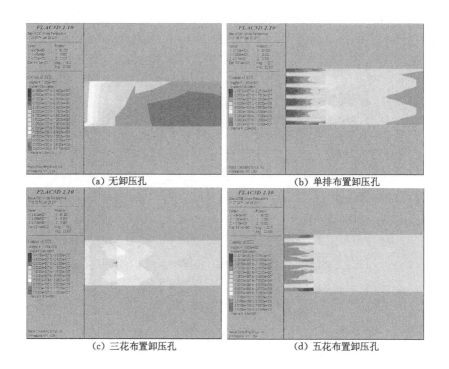

(a) 无卸压孔   (b) 单排布置卸压孔

(c) 三花布置卸压孔   (d) 五花布置卸压孔

图 4-58　实体煤内水平应力云图

　　实体煤内水平应力变化曲线如图 4-59 所示。从图可以看到,没有打卸压孔的巷道,从巷道右侧 4～10 m 的地方水平应力最大,为 18 MPa,而单排布置卸压孔的巷道在距离巷道右侧 10 m 的地方水平应力才达到 6 MPa,只有没有打卸压孔情况下的 1/3,三花布置卸压孔的巷道在距离巷道右侧 10 m 的地方水平应力才达到 7 MPa,也几乎只有没有打卸压孔情况下的 1/3,五花布置卸压孔的巷道在距离巷道右侧 10 m 的地方水平应力也只有不到 10 MPa,只有没有打卸压孔情况下的 5/9。单排布置卸压孔方式最大水平应力位置在距离巷道右侧 15 m 左右,大小为 22 MPa 左右,三花布置卸压孔方式最大水平应力位置在距离巷道右侧 17 m 左右,大小约为 17 MPa,五花布置卸压孔方式最大水平应力位置也在距离巷道右侧 17 m 左右,大小约为 13 MPa,比单排布置和三花布置的都小。

　　由此可见,三种卸压孔布置方式下实体煤中的高应力区相比无卸压孔都向深部转移了,水平移动距离将近 10 m。单排布置卸压孔情况下最大水平应力比无卸压孔情况下增大了 22.2%,三花布置卸压孔方式情况下最大水平应力比无卸压孔情况下减小了 5.56%,而五花布置卸压孔情况下最大水平应力比无卸压孔情况下减小了 27.8%。

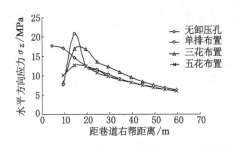

图 4-59 实体煤内水平应力变化曲线

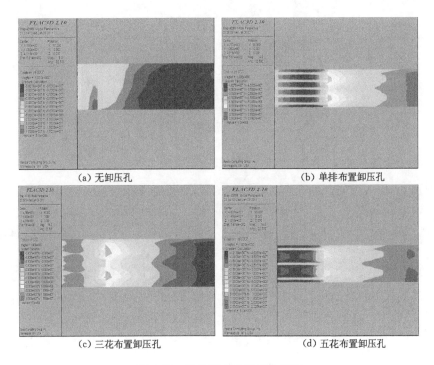

图 4-60 实体煤内垂直应力云图

　　实体煤内垂直应力云图如图 4-60 所示。与水平应力云图分布相似，无卸压孔条件下巷道右侧实体煤的高应力区距离巷道右帮较近，实体煤中加打卸压孔后煤柱的高应力区向煤柱深部转移。应力峰值的具体大小及其距煤巷右帮的距离如图 4-61 所示。从曲线图上可以看到，没有打卸压孔的巷道，从距巷道右侧 5 m 的地方垂直应力开始迅速增大，在距离巷道右侧不到 10 m 的地方就达到最大应力 35 MPa，而单排布置卸压孔的巷道在距离巷道右侧 10 m 的地方垂直应力才达到 15 MPa，只有没有打卸压孔情况下的 3/7，三花布置卸压孔的巷道在距离巷道右侧 10 m 的地方垂直应力才达到 10 MPa，比单排布置卸压孔方式更小，只有没有打卸压孔情况下的 2/7，五花布置卸压孔的巷道在距离巷道右侧 10 m 的地方垂直应力也只有不到 10 MPa，与三花布置卸压孔方式的情况相似，也只有没有打卸压孔情况下的 2/7。单排布置卸压孔方式最大垂直应力位置在距离巷道右侧 16 m 附近，大小为 40 MPa 左右，三花布置卸压孔方式最大垂直应力位置也在距离巷道右侧 16 m 附近，大小约为 40 MPa，五花布置卸压孔方式最大垂直应力位置也在距离巷道右侧 16 m 附近，大小约为 33 MPa，比单排布置和三花布置方式的小了 17.5%。

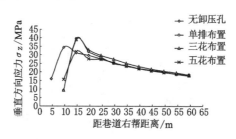

图 4-61　实体煤内垂直应力变化曲线

由此可见，不同卸压孔布置方式情况下，巷道右帮高应力区位置都比无卸压孔情况下向深部转移了，水平移动了将近 6 m。单排布置卸压孔和三花布置卸压孔方式情况下最大垂直应力比无卸压孔情况下增大了 14.4%，而五花布置卸压孔情况下最大垂直应力比无卸压孔情况下减小了 5.7%。

通过对巷道右侧实体煤高应力区水平应力与垂直应力变化规律分析可知，加打卸压孔能够使实体煤中高应力区位置向煤柱深部转移。比较不同的卸压孔布置方式可知，卸压孔五花布置时效果最好。此外，图上还反映出在有卸压孔情况下，巷道右帮实体煤柱中有不连续条状高应力区，这是卸压孔孔边应力集中造成的。

不同卸压孔布置方式下沿空巷道实体煤帮水平应力与垂直应力云图如图 4-62 所示。

从应力云图上可以看出，巷道右帮的应力分布特征与卸压孔的布置方式有明显的关联。单排布置卸压孔情况下，由于孔周边应力集中，所以巷道右帮中间有一条带区域应力稍高，条带区域的上下区域应力得到释放；三花布置情况下，巷道右帮上排孔水平位置以下区域应力较低；五花布置情况下，整个巷道右帮应力都得到释放。

卸压孔孔边局部应力云图如图 4-63 所示。

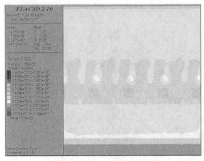

（a）单排布置卸压孔实体煤帮水平应力　　　（b）单排布置卸压孔实体煤帮垂直应力

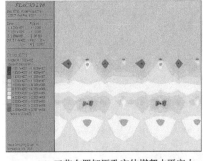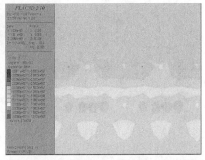

（c）三花布置卸压孔实体煤帮水平应力　　　（d）三花布置卸压孔实体煤帮垂直应力

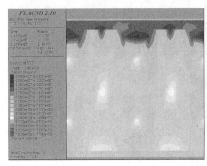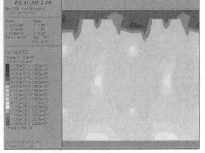

（e）五花布置卸压孔实体煤帮水平应力　　　（f）五花布置卸压孔实体煤帮垂直应力

图 4-62　沿空巷道实体煤帮应力云图

从云图上可以看出，卸压孔最里边界应力很小，这是由于卸压孔附近一周已经被挤压破坏，应力得到释放，应力沿着孔径向外逐渐增大，在卸压孔的外围，孔与孔之间的煤柱由于受孔边应力集中的影响，应力比较大，单排卸压孔布置方式情况下应力集中区水平应力最大值大约为 16 MPa，垂直应力最大值约为 20 MPa；三花卸压孔布置方式下上排孔孔边应力集中区水平应力最大值大约为

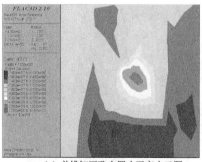
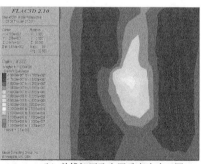

（a）单排卸压孔布置水平应力云图　　　　（b）单排卸压孔布置垂直应力云图

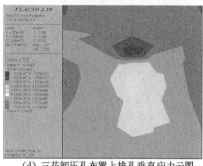

（c）三花卸压孔布置上排孔水平应力云图　　（d）三花卸压孔布置上排孔垂直应力云图

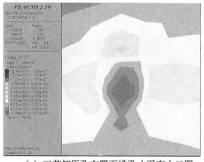
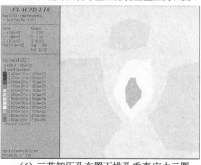

（e）三花卸压孔布置下排孔水平应力云图　　（f）三花卸压孔布置下排孔垂直应力云图

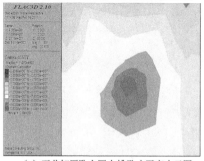
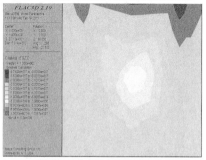

（g）五花卸压孔布置上排孔水平应力云图　　（h）五花卸压孔布置上排孔垂直应力云图

图 4-63　卸压孔孔边应力云图

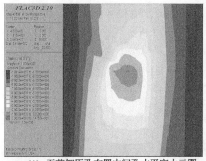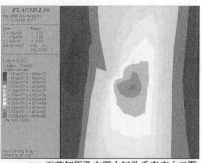

（i）五花卸压孔布置中间孔水平应力云图　　（j）五花卸压孔布置中间孔垂直应力云图

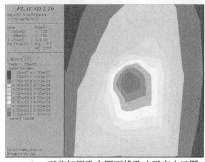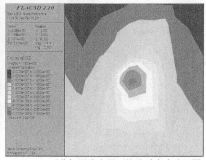

（k）五花卸压孔布置下排孔水平应力云图　　（l）五花卸压孔布置下排孔垂直应力云图

图 4-63（续）

15 MPa，垂直应力最大值约为 19 MPa，下排孔孔边应力集中区水平应力最大值大约为 11 MPa，垂直应力最大值约为 15 MPa，下排孔孔边最大应力要比上排孔的小；五花卸压孔布置方式下上排孔孔边应力集中区水平应力最大值大约为 17 MPa，垂直应力最大值约为 20 MPa，中间孔孔边应力集中区水平应力最大值大约为 10 MPa，垂直应力最大值约为 18 MPa，下排孔孔边应力集中区水平应力最大值大约为 11 MPa，垂直应力最大值约为 20 MPa。由上述分析可以看出，中间孔孔边应力集中区水平、垂直应力最大值较小。

　　整体而言，由于卸压孔周边被挤压破坏，卸压孔附近煤柱进入了塑性阶段，实体煤柱内整体应力得到降低。

　　（2）不同卸压孔布置条件下小煤柱内应力分布规律

　　为了研究有无卸压孔，以及不同卸压孔布置方式对采空区小煤柱内应力分布情况的影响，截取模型小煤柱内应力云图进行分析。

　　小煤柱内水平应力云图如图 4-64 所示。

　　从图 4-64 的应力云图可以看出，小煤柱左边，即靠近采空区的一边，整个左上角应力都比较小，进入了塑性阶段，这表明采空区上部顶板下压，小煤柱左上

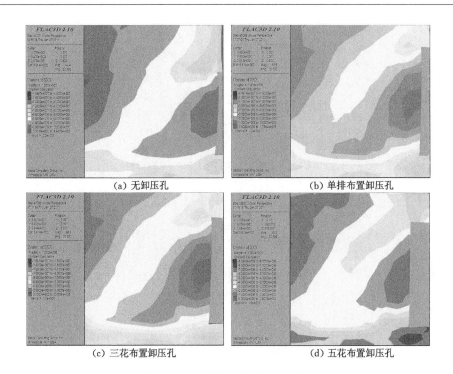

(a) 无卸压孔　　　　　　　　　　　　(b) 单排布置卸压孔

(c) 三花布置卸压孔　　　　　　　　　　(d) 五花布置卸压孔

图 4-64　小煤柱内水平应力云图

角被压破坏,应力释放。此外,在小煤柱中间区域存在一向右倾斜约为 45°的条状区域,其宽度约为 1.5 m,水平应力较大。

　　小煤柱内水平应力变化曲线如图 4-65 所示。从应力曲线图可以看出,无卸压孔时小煤柱内的水平应力最大值约为 7.6 MPa,位置距巷道左帮距离约为 2 m;单排卸压孔布置情况下水平应力最大值位置距巷道左帮距离也在 2 m 附近,其值大小约为 4.5 MPa,比无卸压孔情况下降低了 40.8%;三花卸压孔布置情况下水平应力最大值位置距巷道左帮距离约为 2 m,其值大小约为 5 MPa,比单排卸压孔布置情况下的大了 0.5 MPa,与无卸压孔情况下的相比降低了 34.2%;五花卸压孔布置情况下水平应力最大值位置距巷道左帮距离约为 2.4 m,其值大小约为 3 MPa,比单排卸压孔布置和三花卸压孔布置情况下的都小,与无卸压孔情况下的相比降低了 60.5%。此外,在五花卸压孔布置情况下,小煤柱内的水平应力整体得到了降低。

　　小煤柱内垂直应力分布云图如图 4-66 所示。由图可知,在距巷道左帮 2~3 m 远的地方出现了高应力区,垂直高应力区出现的位置正好是水平高应力区斜条带所在的位置,表明这个位置的煤柱起了主要的支撑作用。

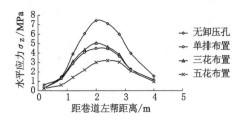

图 4-65 小煤柱内水平应力变化曲线

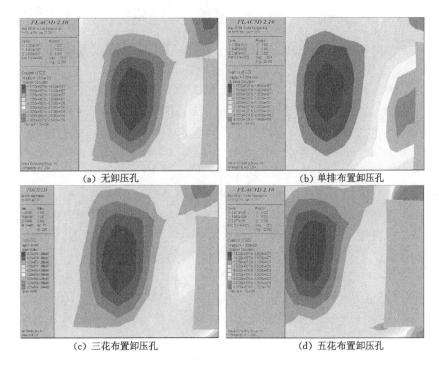

图 4-66 小煤柱内垂直应力云图

　　小煤柱内水平应力变化曲线如图 4-67 所示。从垂直应力曲线图可以看出：无卸压孔情况与三花卸压孔布置情况时的曲线基本重合，最大垂直应力约为 17 MPa，位置距离巷道左帮 2 m 附近；三花卸压孔布置情况下最大垂直应力也约为 17 MPa，不过其位置比无卸压孔布置情况时更远，离巷道左帮 0.5 m；五花卸压孔布置情况下最大垂直应力约为 15 MPa，与无卸压孔和其他方式布置卸压孔情况下相比降低了 11.8%，而且从曲线图还可以看出，在距巷道左帮 0~2.5 m 这段范围内，煤柱内垂直应力都比无卸压孔和其他方式布置卸压孔情况下小，表明五花卸压孔布置情况下巷道左帮围岩应力环境更好。

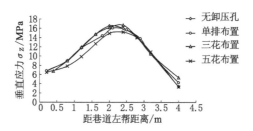

图 4-67　小煤柱内垂直应力变化曲线

4.5　不同采深下三维支护沿空巷道围岩应力分布规律

为了研究新型三维支护技术的普遍适用性,模拟计算采深为 200 m、300 m、400 m、600 m、800 m 时综采工作面回采过程中三维支护沿空巷道的围岩应力分布特征,比较分析得到不同采深下沿空巷道围岩应力分布规律,根据采深每 100 m 等效应力为 2.5 MPa 来计算,上述 5 种采深的等效应力分别为 5 MPa、7.5 MPa、10 MPa、15 MPa、20 MPa,其中 7.5 MPa 所对应的 300 m 采深为山西王庄煤矿三维支护试验区的实际采深,而另外 4 种采深以 200 m 为间隔逐渐递增。

图 4-68、图 4-70 分别为 5 种采深下工作面回采 50 m 后的巷道围岩水平、垂直应力分布云图。图 4-69、图 4-71 分别为 5 种采深下沿空巷道围岩水平、垂直应力比较曲线。本节的应力规律和下一章的不同采深下位移规律研究都只是分析了推进 50 m 后的巷道围岩应力、变形,因为前 40 m 回采过程中巷道围岩的应力、变形随采深的增大所表现出来的规律是与回采 50 m 时是一致的,这一点在图 4-69、图 4-71 的应力曲线中可以明显看到。图 4-69、图 4-71 的 5 条曲线分别对应 5 种采深下沿空巷道在工作面回采过程中小煤柱和实体煤中的超前应力变化情况以及随采深改变巷道围岩水平、垂直应力所表现出的整体规律性变化。

如图 4-68 所示,5 种采深下巷道围岩的水平应力分布情况大致相同,巷道右侧实体煤中除了右帮附近的应力释放区外大部分区域的水平应力值都较大,小煤柱靠近两侧采空区区域为发生塑性大变形区域,水平应力值很小,小煤柱中心区域具有一定的水平应力;如图 4-70 所示,5 种采深条件下实体煤中都有较大范围的垂直应力集中区域,小煤柱中也可以看到一个较小的应力集中区,小煤柱中应力远小于实体煤中应力;观察图 4-69、图 4-71 可知,随采深增大小煤柱和实体煤中的水平、垂直应力都呈明显增大趋势,而与此同时巷道围岩变形是增大的,这与位移、应力之间的变化关系似乎存在矛盾,其实这两者之间并不矛盾,因为无论小煤柱还是实体煤,应力的增加都是覆岩下压引起的被动增加,在解释这

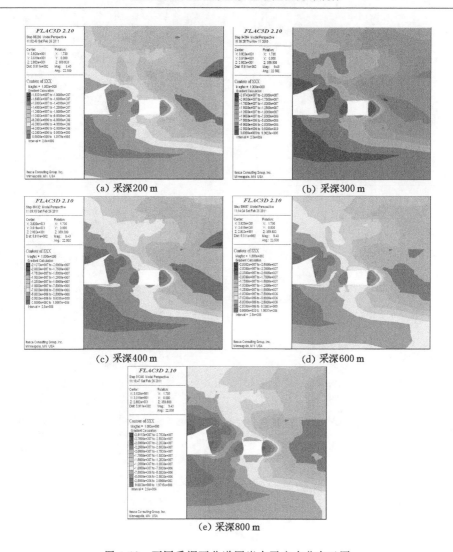

(a) 采深200 m　　　　　　　(b) 采深300 m

(c) 采深400 m　　　　　　　(d) 采深600 m

(e) 采深800 m

图 4-68　不同采深下巷道围岩水平应力分布云图

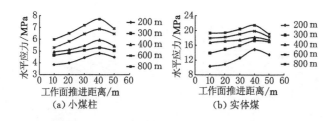

(a) 小煤柱　　　　　　　　(b) 实体煤

图 4-69　不同采深下巷道围岩水平应力曲线比较

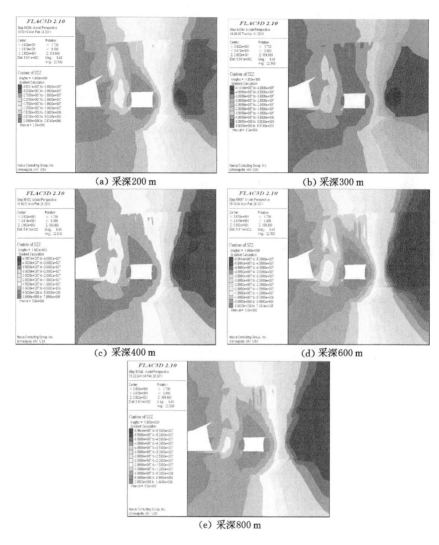

（a）采深200 m

（b）采深300 m

（c）采深400 m

（d）采深600 m

（e）采深800 m

图 4-70　不同采深下巷道围岩垂直应力分布云图

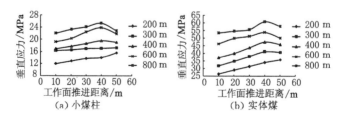

（a）小煤柱

（b）实体煤

图 4-71　不同采深下巷道围岩垂直应力曲线比较

种现象之前需要说明一点,在不考虑沿空巷道的开掘和工作面的回采,只是单一的增加采深的条件下,整个煤层的水平、垂直应力都是随采深的增大而增大的,巷道开掘和工作面回采过程又会在上述规律基础上引起巷道围岩应力的重分布。对于实体煤,煤柱本身具有足够的抗压能力,工作面推进引起实体煤发生应力集中,应力值在原岩应力的基础上增大,5 种采深条件下的实体煤都具有相同的应力集中过程,从而表现出如图 4-71(b)所示与原岩应力一样的规律;而对于小煤柱,虽然在巷道开掘和工作面回采前小煤柱的水平应力是随采深增大而增大的,但由于小煤柱自身尺寸很小,在工作面回采过程的初期阶段它还可以起到一定的承载作用,但随推进距离的增大,小煤柱很容易整体都发生塑性流变,小煤柱中应力不一定表现出如实体煤一样的规律,而通过图表的分析可知,小煤柱中的水平、垂直应力也具有随采深增大而增大的趋势,这说明三维支护在不同采深条件下的整个工作面推进过程中都是起作用的,都增大了小煤柱的整体抗压强度,使得小煤柱即使在采深很大的情况下也具有一定的承载核区,并且随采深的增大小煤柱承载应力也逐渐增大。

另外可以看到,对于图 4-69 所示的小煤柱和实体煤的 5 种采深下 5 条水平应力曲线 ,其中任一条曲线所表现出来的变化趋势都是在工作面推进前 40 m 时应力值呈增大趋势,在工作面推进到 50 m 时应力值有所降低,这是因为在工作面推进的前 40 m,后方采空区还没有接地,而在工作面推进到 50 m 时后方采空区接地,此时后方采空区发生的大变形引起小煤柱包括承载核区在内的整体水平变形相比前 40 m 推进时要大许多,变形是由释放应力引起,因此出现水平应力反而相比之前要小的现象,同时还可以看到,在采深较小的时候,小煤柱和实体煤中水平应力在工作面推进过程中的变化趋势相对平缓,随采深加大应力变化幅度也逐渐增大;实体煤中的应力变化情况与小煤柱中大致相同,不同之处在于在应力较小时(5 MPa、7.5 MPa),实体煤柱中的水平应力在工作面推进的前 50 m 过程中都是增大的,而在应力较大时才表现出在推进到 50 m 时水平应力减小的现象,这说明在应力较小时,实体煤柱由于自身的抗压强度较大,即使后方采空区发生接地大变形,前方煤柱依然可以完全承载由此引起的引力变化,只有在采深较大的时候,后方采空区接地时前方承载核区才会发生一定的变形,导致煤柱应力减小。

数据表明,采深为 200 m、300 m、400 m、600 m、800 m 时小煤柱在工作面推进过程中的最大水平应力分别为 4.81 MPa、5.29 MPa、5.94 MPa、6.85 MPa、7.72 MPa(最大值均出现在工作面推进 40 m 时),两两间增量依次为 9.97%、12.3%、15.3% 和 12.7%,最大垂直应力分别为 14.9 MPa、17.3 MPa、18.2 MPa、19.9 MPa、21.5 MPa(最大值均出现在工作面推进 40 m 时),两两间

增量依次为 16.1％、5.20％、9.34％和 8.04％；对于实体煤，采深为 200 m、300 m、400 m、600 m、800 m 时小煤柱在工作面推进过程中的最大垂直应力分别为15.6 MPa、17.3 MPa、19.6 MPa、23.8 MPa、25.3 MPa(最大值出现在工作面推进 40 m 或 50 m 时)，两两间增量依次为 10.9％、13.3％、21.4％和 6.30％，最大垂直应力分别为 35.8 MPa、41.1 MPa、47.5 MPa、53.8 MPa、60.9 MPa(最大值出现在工作面推进 40 m 或 50 m 时)，两两间增量依次为 14.8％、15.6％、13.3％和 13.2％。

4.6 三维支护锚杆、锚索受力分析

图 4-72 为三维锚索与普通锚杆支护的 FLAC^{3D}模拟效果图。其中顶锚杆、帮锚杆施加 30 kN 预紧力，三维锚索每个方向施加 30 kN 预紧力，锚杆长 2.4 m，三维锚索长度为 9.2 m，打入岩层部分长度为 8.0 m，两两锚索间相连长度为 2.4 m。通过计算分别得出了回采过程中不同推进距离下锚杆、锚索的受力云图，如图 4-73 所示。

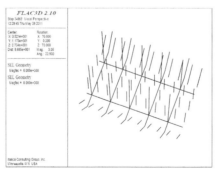

图 4-72 三维支护效果图

图 4-73 所示的锚杆和三维锚索受力云图为工作面回采一定距离后，其前方 10 m 范围内沿空巷道支护锚杆、锚索的受力云图。在进行分析之前需要说明两点：① 云图中锚杆、锚索的受力大小是通过锚杆、锚索的粗细程度来表示的，对于某一幅云图，其中锚杆或锚索直径越大，说明其受力越大，反之则越小；② 三维锚索打入岩层的 8.0 m 长度部分和锚杆都是用 cable 单元模拟，而两两锚索间相连部分是用 beam 单元模拟的，对于某一根锚索，其外部的四股锚索都因受到顶板岩层作用而受到拉伸作用，这就造成该锚索下方伸出的同一方向上的两条"部分"锚索的受力方向相反，因此云图中两两锚索间相连部分的锚索受力显示颜色不同，对于 cable 单元，黑色代表受拉，灰色代表受压；对于 beam 单元，黑

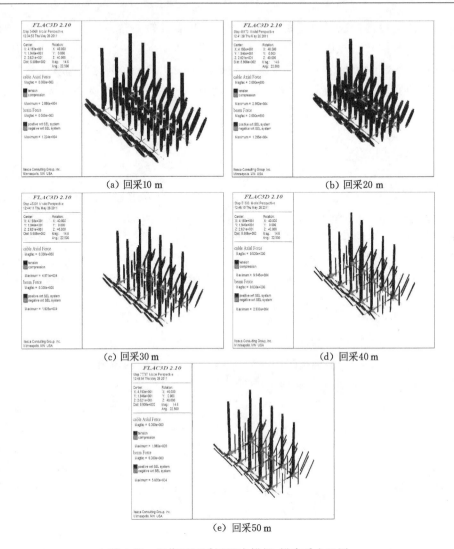

(a) 回采10 m　　　　　　　(b) 回采20 m

(c) 回采30 m　　　　　　　(d) 回采40 m

(e) 回采50 m

图 4-73　工作面回采过程中锚杆、锚索受力云图

色和灰色都代表受拉,只是拉力的方向相反。

由图 4-73(a)可知,在工作面推进过程中锚杆、锚索都受到拉力作用,工作面推进前 20 m 锚杆和三维锚索的受力大小接近相等,而在工作面推进的 30～50 m 锚索的轴力都明显大于锚杆的轴力。数据表明,工作面推进 10～50 m 过程中锚杆的轴力分别为 28.9 kN、29.8 V、40.0 kN、50.0 kN、80.0 kN,锚索的轴力分别为 28.0 kN、29.0 kN、49.7 kN、99.5 kN、199.0 kN,可以看到锚杆的轴力在工作面推进过程中的变化幅度要小于锚索受力的变化幅度,这表明锚杆、锚索的支护力都随巷道顶板变形量的增大而增大,但锚索的支护力明显大于锚杆的。另外从三维锚索两两相连部分的受力值大小可以看到,在工作面推进过程中这部分相连的锚索所受的力要小于锚杆和打入岩层中锚索受到的力。整体分析三维锚索的受力云图可知,三维锚索在工作面推进过程中支护力逐渐增大,形成一个网壳结构的支护系统,与锚杆系统一同控制巷道围岩的变形。

4.7　本章小结

本章以潞安王庄矿 52 采区的采矿地质条件为背景,采用 FLAC^{3D} 分别对 3.5 m×3.2 m、4.0 m×3.2 m、4.5 m×3.2 m、5.0 m×3.2 m、5.5 m×3.2 m 共 5 种断面尺寸沿空巷道在掘进和工作面回采过程中围岩的应力分布特征进行数值模拟,得到了各自断面巷道在三维、普通支护下的围岩应力分布规律,并模拟计算不同预应力锚索作用下巷道围岩应力的分布规律以及不同卸压孔布置条件下巷道围岩应力分布特征,主要得到如下结论:

(1) 5 种断面尺寸下巷道围岩应力分布具有如下相似的规律:两种支护方式下小煤柱和实体煤中的水平集中应力最大值相差较小,三维支护下巷道实体煤中的应力值要小于普通支护下的应力值,而小煤柱中的垂直应力则大于普通支护;普通支护下小煤柱中垂直应力峰值位置距离巷道左帮 3 m,实体煤中最大垂直应力位置距巷道右帮 4 m 左右,三维支护下小煤柱中垂直应力峰值位置距离巷道左帮 2 m 左右,实体煤中最大垂直应力位置在巷道右侧 3~4 m 范围;随工作面推进距离增大,普通支护下小煤柱中的垂直、水平应力在来压前应力增幅很小,三维支护下小煤柱的水平、垂直应力都呈线性增大趋势,三维支护可以明显提高小煤柱的抗压强度,三维、普通支护下实体煤中的垂直应力在来压前都呈持续增大趋势,而在来压后应力值有所降低。

(2) 巷道围岩应力在来压前后都没有表现出随巷道断面尺寸的增大而增大或减小的规律,但在每一步推进距离下,小煤柱和实体煤中的应力值都大致相等,也即说明 5 种断面尺寸下巷道围岩应力随工作面推进的变化规律是基本保持一致的,说明巷道断面尺寸的改变对巷道围岩的应力分布影响作用较小。

(3) 三维锚索在低预紧力条件下对控制巷道顶板变形的能力有限,高预紧力条件下会在巷道围岩内形成一定范围的压应力区,锚索在巷道围岩中产生的附加应力场的范围和强度均增大,使巷道较大范围内的围岩处于受压状态,提高了巷道的承载能力,预应力三维锚索在巷道变形之前能够主动给巷道围岩表面一定的压应力,使表层围岩重新回到三向受力状态。

(4) 有卸压孔巷道实体煤中高应力区向深部转移,移动距离为 6~10 m;单排卸压孔布置和三花卸压孔布置情况下最大应力与无卸压孔情况相比有所增大;五花卸压孔布置情况下,最大水平应力比无卸压孔情况下降低了 27.8%,最大垂直应力比无卸压孔情况下降低了 5.7%,由于有卸压孔时高应力区向深部转移,采空区小煤柱应力得到降低,五花卸压孔布置情况下最为明显,与无卸压孔相比,水平应力降低了 60.5%,垂直应力降低了 11.8%。

(5) 比较分析了采深分别为 200 m、300 m、400 m、600 m、800 m 时综采工作面回采过程中沿空巷道围岩应力分布规律。结果表明,随采深增大巷道围岩的水平、垂直应力都呈明显增大趋势,说明三维支护在不同采深条件下都起到增大小煤柱的整体抗压强度作用,并且随采深的增大小煤柱承载应力也逐渐增大。

(6) 三维锚索在工作面推进过程中支护力逐渐增大,形成一个网壳结构的支护系统,与锚杆系统一同控制巷道围岩的变形;锚杆、锚索的支护力都随巷道顶板变形量的增大而增大,三维锚索的支护力明显大于锚杆的支护力。

5 沿空巷道三维锚索支护围岩变形规律

本章以潞安矿区王庄煤矿 52 采区的采矿地质条件为背景,采用有限差分软件 FLAC³ᴰ对沿空巷道在掘进和回采过程中围岩的变形特征进行了数值模拟,通过计算得到 5 种不同巷道断面尺寸下普通锚网索支护和三维锚索支护的巷道围岩变形特征,并分析比较得到了巷道围岩的变形规律。模拟计算综采工作面回采距离为 50 m,在工作面推进 10 m、20 m、30 m、40 m、50 m 时分别获取各推进距离下工作面处巷道围岩的垂直与水平位移云图,并通过测点数据绘制各推进距离下的围岩变形曲线,模拟计算不同卸压孔布置方式下巷道围岩变形规律和不同采深条件下三维支护沿空巷道围岩变形规律。

5.1 断面尺寸对巷道围岩变形规律影响分析

5.1.1 巷道断面尺寸 3.5 m×3.2 m 下巷道围岩变形规律

(1) 回采 10 m 时巷道围岩变形

工作面回采 10 m 时两种支护方式下巷道水平、垂直位移分布云图如图 5-1 所示。两两比较可以看到,三维支护下巷道围岩看不到有明显的变形,相比之下普通支护下巷道顶板和两帮变形都较为明显,说明三维支护与普通支护相比支护效果十分明显。

下面分别对两种支护方式下的垂直、水平变形情况进行比较分析。如图 5-1(a)、(b)所示,三维支护下巷道顶板垂直变形中间最大,而普通支护下最大变形位置靠近实体煤帮,这是因为工作面推进引起前方煤层产生超前应力,巷道顶板靠右部分的应力值稍大于左侧,普通支护下巷道顶板右半部分释放应力较大而变形量也较大,而三维支护下,锚索间相互连接形成一个网壳结构,可以约束顶板应力释放,不仅减小了顶板的变形量,同时也改变了顶板的位移分布。比较图 5-1(c)、(d)可以看到,三维支护下巷道右帮变形量大于左帮,而普通支护下右帮变形量要稍大于左帮,相比之下三维支护下两帮变形量相差较小。出现上述情况是工作面推进引起巷道围岩应力增加,巷道两帮附近区域释放水平应力引起的。由于普通支护下小煤柱承受顶板压力大于三维支护下的压力,故小煤柱帮释放的压力更大一些,而三维支护下由于三维锚索作用,反而是实体煤帮

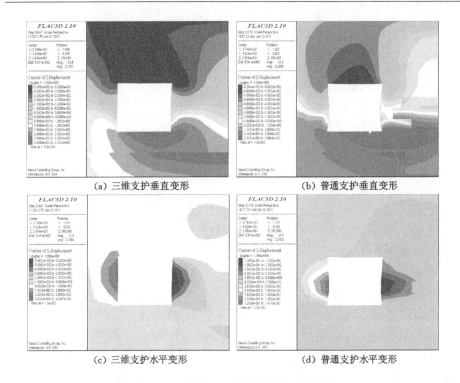

（a）三维支护垂直变形　　　　　　　（b）普通支护垂直变形

（c）三维支护水平变形　　　　　　　（d）普通支护水平变形

图 5-1　回采 10 m 时巷道围岩变形云图

释放的应力更大一些，故而出现上述的变形规律。对比三维、普通支护下的两帮变形量可知，三维支护下巷道两帮的最大变形量位置偏中上部，而普通支护下巷道变形量最大位置在中下部，说明三维支护形成的网壳结构在约束巷道顶板变形的同时，也增大了巷道两侧煤柱的强度，减小了巷道两帮的变形量，改变了两帮的位移分布。

　　两种支护方式下巷道围岩变形曲线比较如图 5-2 所示，其中图 5-2(a)中 x 轴代表巷道的宽度，巷道宽度为 3.5 m，0 和 3.5 两点分别代表巷道的左、右边缘，图 5-2(b)中 y 轴代表巷道的高度，巷道高度为 3.2 m，0、3.2 两点分别为巷道的底、顶板位置，位移负值为巷道右帮的变形量，正值为左帮的变形量，sw 代表三维支护，pt 代表普通支护。因巷道两侧煤柱在后面的分析中都有较大的垂直变形量，在绘制两帮水平变形曲线时，也同时考虑了各测点的垂直变形量，故而在后面的分析中会出现两帮本位于同一高度上的两个测点的垂直位置并不一样高的现象，这一点在普通支护中尤为明显，在其后分析中将不再一一说明。

　　由图 5-2(a)可知，三维支护下巷道顶板最大变形量为 30.4 mm，巷道顶板最左端变形量最小，普通支护的顶板最大下沉量为 79.8 mm，顶板最右端变形

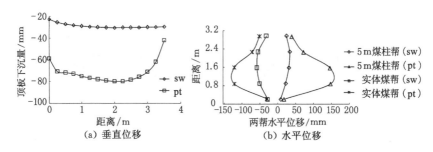

图 5-2　回采 10 m 时巷道围岩变形比较曲线

量最小,三维支护相比普通支护变形量减小幅度为 61.9%;由图 5-2(b)可知,三维支护下左、右帮最大变形量分别为 33.3 mm 和 58.0 mm,普通支护下左、右帮最大变形量分别为 146.0 mm 和 122.0 mm,三维支护相比普通支护的两帮最大移近量减小幅度为 65.9%。

(2)回采 20 m 时巷道围岩变形

工作面回采 20 m 时两种支护方式下巷道水平、垂直位移分布云图如图 5-3 所示。由图 5-3(a)、(b)可知,三维支护下巷道顶板垂直变形中间位置最大,而普通支护下最大变形位置靠近实体煤帮;比较图 5-3(c)、(d)可以看到,与工作面推进 10 m 时不同,三维支护和普通支护下都是巷道右帮变形量大于左帮变形量,同样相比之下三维支护下两帮变形量相差较小,这是因为随着工作面推进深度的加大,顶板岩层对小煤柱和实体煤的压力也相应增大,小煤柱由于其自身的厚度原因,不能形成一个有效的承载核区,在工作面推进距离较小的时候,小煤柱的变形还主要为左帮附近煤体的变形,在压力较大的时候,小煤柱的水平变形就由左帮附近向小煤柱内部转移,即小煤柱整体都发生水平变形,而实体煤帮因为煤柱厚度很大,完全可以形成有效的承载核区,在应力转移达到新平衡的过程中,靠近巷道右帮附近的煤体会持续地发生变形,在这两种情况下表现出来的规律是相同的。另外,由于后方采空区直接位于实体煤后方而与小煤柱有 5 m 的水平偏差,采空区下沉必然引起顶板对实体煤的压力大于顶板对小煤柱的压力,结合这两个方面的原因就出现了上述的两帮变形规律,这在后面的推进过程中有类似的规律,将不再一一阐述。对比三维、普通支护下的两帮变形量可知,三维支护下巷道两帮的最大变形位置偏中上部,而普通支护下巷道两帮的最大变形位置在中下部。

两种支护方式下巷道围岩变形曲线比较如图 5-4 所示。由图 5-4(a)可知,三维支护下巷道顶板最大变形量为 53.2 mm,巷道顶板最左端变形量最小,普通支护下的顶板最大下沉量为 110.8 mm,顶板最右端变形量最小,三维支护下

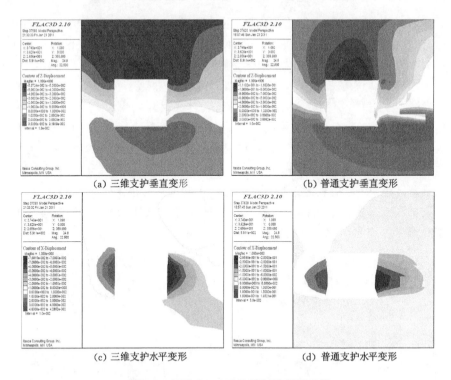

(a) 三维支护垂直变形　　　　　　(b) 普通支护垂直变形

(c) 三维支护水平变形　　　　　　(d) 普通支护水平变形

图 5-3　回采 20 m 时巷道围岩变形云图

相比普通支护下变形量减小幅度为 52.0%；由图 5-4(b)可知，三维支护下左、右帮最大变形量分别为 40.3 mm 和 76.8 mm，普通支护下左、右帮最大变形量分别为 165.1 mm 和 285.9 mm，三维支护下相比普通支护下的两帮最大移近量减小幅度为 75.2%。

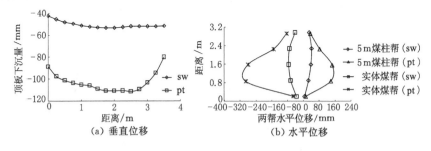

(a) 垂直位移　　　　　　(b) 水平位移

图 5-4　回采 20 m 时巷道围岩变形曲线比较

(3) 回采 30 m 时巷道围岩变形

工作面回采 30 m 时两种支护方式下巷道水平、垂直位移分布云图如图 5-5

所示。因为 5 m 小煤柱左侧为采空区，上方顶板以小煤柱为支撑点形成了一个超静定悬臂梁结构，虽然应力集中和三维支护作用，使得普通支护下巷道顶板处的最大变形仍然出现在顶板右半部分，三维支护下顶板变形中间位置最大，但覆岩变形整体来说是越靠近采空区变形越大，这一点相比前 20 m 回采时更加明显；普通支护下覆岩变形较大，而小煤柱受其自身尺寸约束，两侧靠近采空区部分已经进入塑性区，不能起到承载作用，受顶板挤压向两侧扩张，使得两帮发生较大的水平变形，而三维支护下顶板形成的整体网壳结构约束覆岩下沉，覆岩施加在小煤柱上的压力明显小于普通支护条件下的压力，使得小煤柱依然保持有弹性承载区域，因此三维支护下的巷道围岩变形量都远小于普通支护下变形量，三维支护和普通支护下实体煤帮的变形量都大于小煤柱帮变形量，普通支护下两帮变形量差别明显，三维支护下两帮变形量相差较小。

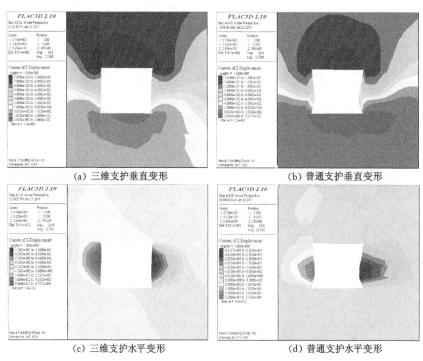

图 5-5　回采 30 m 时巷道围岩变形云图

两种支护方式下的巷道围岩位移曲线比较如图 5-6 所示。由图 5-6(a)可知，三维支护巷道顶板最大变形量为 79.7 mm，普通支护的顶板最大下沉量为 155.6 mm，三维支护下相比普通支护下变形量减小幅度为 48.8%；由图 5-6(b)可知，三维支护下左、右帮最大变形量分别为 57.6 mm 和 101.0 mm，普通支护下左、右帮最大变形量分别为 212.0 mm 和 320.9 mm,三维支护下相比普通支护下的两帮最大移近量减小幅度为 70.2%。

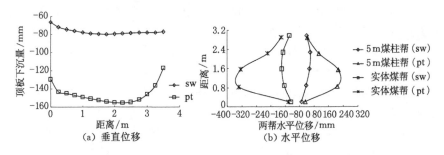

图 5-6　回采 30 m 时巷道围岩变形曲线比较

(4) 回采 40 m 时巷道围岩变形

工作面回采 40 m 时两种支护方式下巷道水平、垂直位移分布云图如图 5-7 所示。工作面推进 40 m 时巷道覆岩垂直变形特征[图 5-7(a)、(b)]相比前 30 m 时更加明显,可以看到此时三维支护下巷道顶板变形量最大值出现在巷道最左

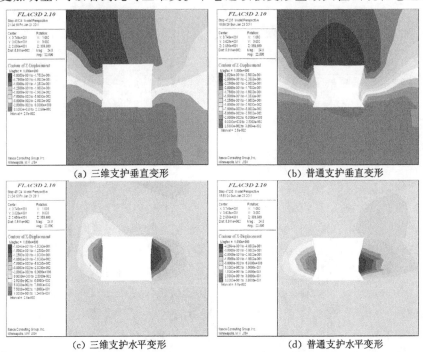

图 5-7　回采 40 m 时巷道围岩变形云图

端,并向右逐渐减小,普通支护下巷道顶板变形区域也开始向左侧转移,虽然最大位移位置仍然位于顶板右半部分,但由于顶板的悬臂梁结构,巷道覆岩变形呈现向右下斜压下来的趋势,这与巷道的支护方式无关,故在两种支护方式下巷道覆岩变形各等值区域都向左倾斜;对于水平变形,两种支护方式下都仍为小煤柱帮变形量小于实体煤帮,而且此时普通支护下小煤柱帮的变形量也很大,这是因为推进到 40 m 时小煤柱上覆岩层的下沉量增幅很大,对小煤柱的挤压力相比前 30 m 推进时的增量同样很大,此时小煤柱已经有很大一部分进入了塑性区,受到挤压会向两侧产生塑性流动,使得变形量较大。

两种支护方式下的巷道围岩位移曲线比较如图 5-8 所示。由图 5-8(a)可知,三维支护巷道顶板最大变形量为 171.8 mm,普通支护的顶板最大下沉量为257.9 mm,三维支护相比普通支护变形量减小幅度为 33.4%;由图 5-8(b)可知,三维支护下左、右帮最大变形量分别为 118.1 mm 和 162.8 mm,普通支护下左、右帮最大变形量分别为 305.4 mm 和 406.1 mm,三维支护下相比普通支护下的两帮最大移近量减小幅度为 60.5%。

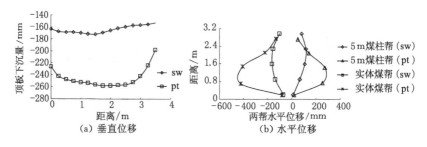

图 5-8　回采 40 m 时巷道围岩变形曲线比较

(5)回采 50 m 时巷道围岩变形

工作面回采 50 m 时两种支护方式下巷道水平、垂直位移分布云图如图 5-9 所示。由图 5-9(a)、(b)可知,两种支护方式下巷道顶板垂直变形量从左向右逐渐增大,对于三维支护方式下,由于巷道顶板受到三维锚索作用,顶板变形分布略呈现上凸拱形结构,巷道底鼓值很小,三维支护在控制巷道顶板变形的同时也约束了小煤柱的垂直变形,而普通支护下覆岩压在小煤柱这个“支点”上,小煤柱在垂直方向产生很大的塑性变形,巷道顶板呈现向下凸的拱形结构;工作面推进到 50 m 时,两种支护方式下小煤柱帮的水平变形量都大于实体煤帮,这是因为在前面 40 m 推进过程中,后方采空区都没有接地,而在推进到 50 m 时采空区才接地,此时小煤柱覆岩变形量远大于前面 40 m 推进过程产生的变形量,且 5 m 宽小煤柱已经整体进入塑性区,其水平变形主要由覆岩挤压引起,而由于实体煤中有弹性承载核区的存在,故实体煤帮的塑性流动变形量要小于小煤柱帮。

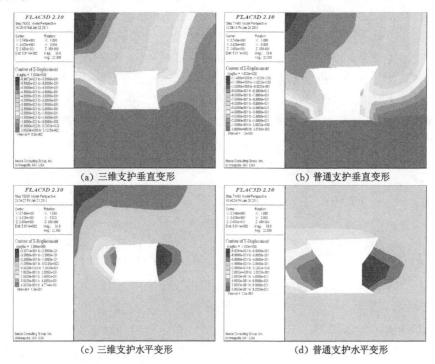

(a) 三维支护垂直变形　　　　　　　(b) 普通支护垂直变形

(c) 三维支护水平变形　　　　　　　(d) 普通支护水平变形

图 5-9　回采 50 m 时巷道围岩变形云图

图 5-10 为两种支护方式下的巷道围岩变形曲线比较图。对于图 5-10(b)的两帮变形,虽然曲线代表的是水平变形,但由于巷道两帮的垂直变形也很明显,因此所有测点高度都小于巷道高度 3.2 m,图中三维支护下两帮测点下沉变形量接近相等,而普通支护下两帮本位于同一高度上的两个测点的垂直位置并

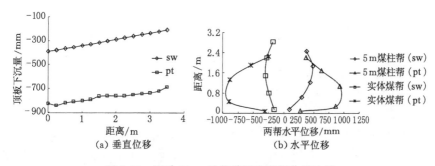

(a) 垂直位移　　　　　　　　　(b) 水平位移

图 5-10　回采 50 m 时巷道围岩变形曲线比较

不一样高,相比较是实体煤帮一侧要高于小煤柱帮;在三维支护条件下,巷道小煤柱帮向外鼓出程度大于实体煤帮,最大变形量出现在巷道中部位置。整体来说,巷道中上部变形量要大于下部变形量,普通支护条件下,巷道两帮都有 1 m左右的下沉量,巷道两帮下部变形量大于上部,最大变形出现在距巷道底板 1 m左右高度的位置。由图 5-10(a)可知,三维支护下巷道顶板最大变形量为 388.4 mm,普通支护下的顶板最大下沉量为 839.7 mm,三维支护下相比普通支护下变形量减小幅度为 53.7%;由图 5-10(b)可知,三维支护下左、右帮最大变形量分别为 477.4 mm 和 301.6 mm,普通支护下左、右帮最大变形量分别为 926.8 mm和 907.7 mm,三维支护下相比普通支护下的两帮最大移近量减小幅度为 57.5%。

综合工作面推进 50 m 过程中两种支护下的巷道围岩变形量可知,三维支护下的巷道水平变形量相比普通支护下减小幅度在 60.0%左右,垂直变形量相比普通支护下减小幅度在 50.0%以上,三维支护控制巷道围岩变形效果明显,可以保证回采阶段巷道的安全使用。

5.1.2 巷道断面尺寸 4.0 m×3.2 m 下巷道围岩变形规律

(1) 回采 10 m 时巷道围岩变形

工作面回采 10 m 时两种支护方式下巷道水平、垂直位移分布云图如图 5-11 所示。由图 5-11(a)、(b)可知,三维支护下巷道顶板垂直变形中间位置最大,而普通支护下最大变形位置靠近实体煤帮。比较图 5-11(c)、(d)可以看到三维支护下巷道右帮变形量大于左帮,而普通支护下右帮变形量要稍大于左帮,相比之下三维支护下两帮变形量相差较小,对比三维支护、普通支护下的两帮变形量可知,三维支护下巷道两帮的最大变形位置偏中上部,而普通支护下巷道变形最大位置在中下部。

两种支护方式下巷道围岩变形曲线比较如图 5-12 所示。由图 5-12(a)可知,三维支护下巷道顶板最大变形量为 32.3 mm,巷道顶板最左端变形量最小,普通支护的顶板最大下沉量为 85.4 mm,顶板最右端变形量最小,三维支护相比普通支护变形量减小幅度为 62.2%;由图 5-12(b)可知,三维支护下左、右帮最大变形分别为 34.2 mm 和 60.5 mm,普通支护下左、右帮最大变形量分别为148.6 mm 和 123.2 mm,三维支护相比普通支护的两帮最大移近量减小幅度为65.2%。

(2) 回采 20 m 时巷道围岩变形

工作面回采 20 m 时两种支护方式下巷道水平、垂直位移分布云图如图 5-13 所示。由图 5-13(a)、(b)可知,三维支护下巷道顶板垂直变形中间位置最大,而普通支护下最大变形位置靠近实体煤帮;比较图 5-13(c)、(d)可以看到,

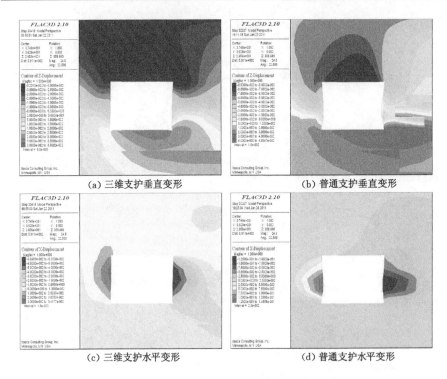

（a）三维支护垂直变形　　　　　　　（b）普通支护垂直变形

（c）三维支护水平变形　　　　　　　（d）普通支护水平变形

图 5-11　回采 10 m 时巷道围岩变形云图

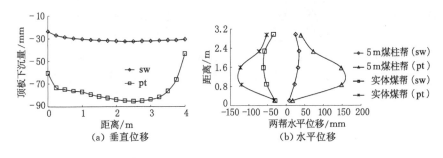

（a）垂直位移　　　　　　　　（b）水平位移

图 5-12　回采 10 m 时巷道围岩变形曲线比较

与工作面推进 10 m 时不同，三维支护和普通支护下都是巷道右帮变形量大于左帮变形量，同样相比之下三维支护下两帮变形差量要小很多；对比三维、普通支护下的两帮变形量可知，三维支护下巷道两帮的最大变形位置偏中上部，而普通支护下巷道变形最大位置在中下部。

两种支护方式下巷道围岩变形曲线比较如图 5-14 所示。由图 5-14（a）可知，三维支护下巷道顶板最大变形量为 55.7 mm，巷道顶板最左端变形量最小，

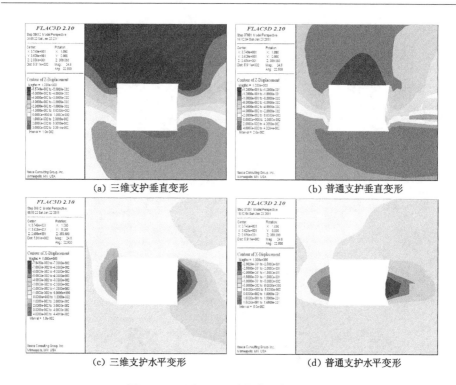

(a) 三维支护垂直变形   (b) 普通支护垂直变形

(c) 三维支护水平变形   (d) 普通支护水平变形

图 5-13 回采 20 m 时巷道围岩变形云图

普通支护的顶板最大下沉量为 116.5 mm,顶板最右端变形量最小,三维支护相比普通支护变形量减小幅度为 52.2%;由图 5-14(b)可知,三维支护下左、右帮最大变形量分别为 41.3 mm 和 79.4 mm,普通支护下左、右帮最大变形量分别为 167.8 mm 和 290.1 mm,三维支护相比普通支护的两帮最大移近量减小幅度为 73.6%。

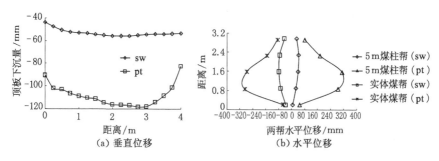

图 5-14 回采 20 m 时巷道围岩变形曲线比较

（3）回采 30 m 时巷道围岩变形

工作面回采 30 m 时两种支护方式下巷道水平、垂直位移分布云图如图 5-15 所示。由图可知，普通支护下巷道顶板处最大变形仍然出现在顶板右半部分，三维支护下顶板变形中间位置最大，但覆岩变形整体来说是越靠近采空区，变形量越大，这一点相比前 20 m 回采时更加明显；小煤柱两侧靠近采空区部分已经进入塑性区，受顶板挤压向两侧扩张，两帮发生较大的水平变形，三维支护下的巷道围岩变形都远小于普通支护下变形；三维支护下和普通支护下实体煤帮的变形量都大于小煤柱帮变形量，普通支护下两帮变形量差别明显，三维支护下两帮变形差量相对较小。

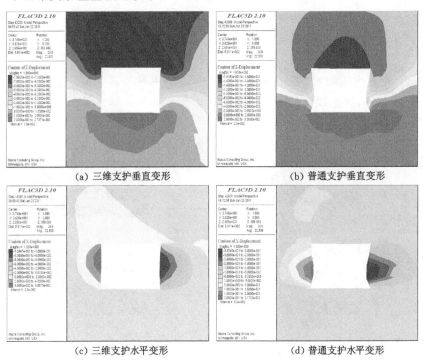

(a) 三维支护垂直变形　　　　　　　(b) 普通支护垂直变形

(c) 三维支护水平变形　　　　　　　(d) 普通支护水平变形

图 5-15　回采 30 m 时巷道围岩变形云图

两种支护方式下的巷道围岩变形曲线比较如图 5-16 所示。由图 5-16(a)可知，三维支护下巷道顶板最大变形量为 82.6 mm，普通支护下的顶板最大下沉量为 163.4 mm，三维支护相比普通支护变形量减小幅度为 49.4%；由图 5-16(b)可知，三维支护下左、右帮最大变形量分别为 59.0 mm 和 103.5 mm，普通支护下左、右帮最大变形量分别为 217.2 mm 和 337.5 mm，三维支护相比普通支护的两帮最大移近量减小幅度为 70.7%。

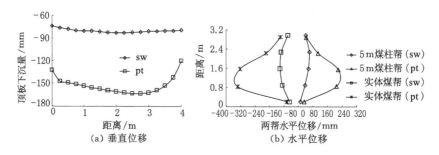

图 5-16　回采 30 m 时巷道围岩变形曲线比较

（4）回采 40 m 时巷道围岩变形

工作面回采 40 m 时两种支护方式下巷道水平、垂直位移分布云图如图 5-17 所示。工作面推进 40 m 时巷道覆岩垂直变形特征［图 5-17（a）、（b）］相比前 30 m 时更加明显，可以看到此时三维支护下巷道顶板变形量最大值出现在巷道最左端，向右逐渐减小；普通支护下巷道顶板变形区域也开始向左侧转移，虽然其最大位移位置仍然位于顶板右半部分，由于顶板的悬臂梁结构，巷道覆岩变形呈现向右下斜压下来的趋势，故在两种支护方式下巷道覆岩变形各等

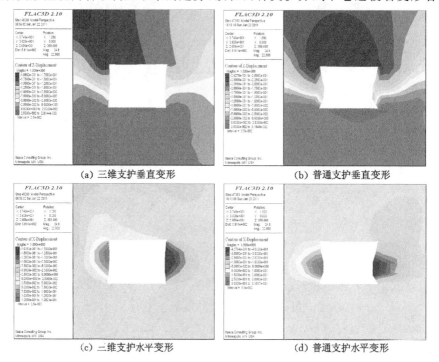

图 5-17　回采 40 m 时巷道围岩变形云图

值区域都向左倾斜;对于水平变形,两种支护下都仍为小煤柱帮变形量小于实体煤帮,普通支护下小煤柱帮的变形量也很大。

两种支护方式下的巷道围岩位移曲线比较如图 5-18 所示。由图 5-18(a)可知,三维支护巷道顶板最大变形量为 173.7 mm,普通支护的顶板最大下沉量为 269.4 mm,三维支护相比普通支护变形量减小幅度为 35.5%;由图 5-18(b)可知,三维支护下左、右帮最大变形量分别为 121.7 mm 和 163.1 mm,普通支护下左、右帮最大变形量分别为 309.7 mm 和 423.1 mm,三维支护相比普通支护的两帮最大移近量减小幅度为 61.1%。

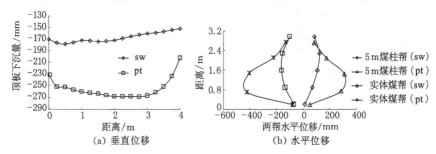

图 5-18　回采 40 m 时巷道围岩变形曲线比较

(5) 回采 50 m 时巷道围岩变形

工作面回采 50 m 时两种支护方式下巷道水平、垂直位移分布云图如图 5-19 所示。由图 5-19(a)、(b)可知,两种支护方式下巷道顶板垂直变形量从左向右逐渐增大。对于三维支护方式,由于巷道顶板受到三维锚索作用,顶板变形分布略微呈现上凸拱形结构,巷道底鼓值很小,三维支护在控制巷道顶板变形的同时也约束了小煤柱的垂直变形;普通支护下小煤柱在垂直方向上产生很大的塑性变形;当工作面推进到 50 m 时,两种支护方式下小煤柱帮的水平变形量都大于实体煤帮。

两种支护方式下的巷道围岩变形曲线比较如图 5-20 所示。在三维支护条件下,巷道小煤柱帮向外鼓出程度大于实体煤帮,最大变形出现在巷道中部位置,整体来说巷道中上部变形量要大于下部,普通支护条件下,巷道两帮都有 1 m 左右的下沉量,巷道两帮下部变形量大于上部,最大变形量出现在距巷道底板 1 m 左右高度的位置。由图 5-20(a)可知,三维支护下巷道顶板最大变形量为 397.2 mm,普通支护的顶板最大下沉量为 854.2 mm,三维支护相比普通支护变形量减小幅度为 53.5%;由图 5-20(b)可知,三维支护下左、右帮最大变形量分别为 495.1 mm 和 315.0 mm,普通支护下左、右帮最大变形量分别为 1 010.2 mm 和 916.3 mm,三维支护相比普通支护的两帮最大移近量减小幅度为 58.0%。

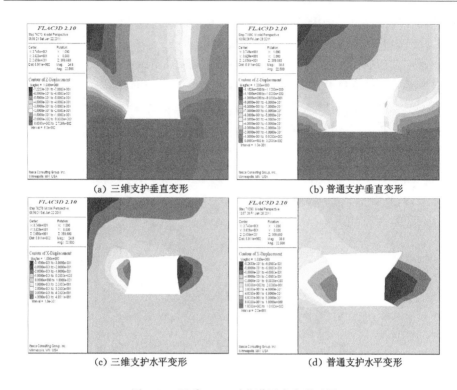

(a) 三维支护垂直变形   (b) 普通支护垂直变形

(c) 三维支护水平变形   (d) 普通支护水平变形

图 5-19   回采 50 m 时巷道围岩变形云图

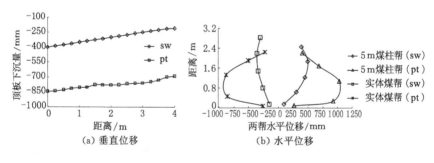

(a) 垂直位移   (b) 水平位移

图 5-20   回采 50 m 时巷道围岩变形曲线比较

综合工作面推进 50 m 过程中两种支护方式下的巷道围岩变形可知,三维支护的巷道水平变形量相比普通支护减小幅度在 60.0% 左右,垂直变形量相比普通支护减小幅度在 50.0% 以上,三维支护控制巷道围岩变形效果明显,可以保证回采阶段巷道的安全使用。

5.1.3 巷道断面尺寸 4.5 m×3.2 m 下巷道围岩变形规律

（1）回采 10 m 时巷道围岩变形

工作面回采 10 m 时两种支护方式下巷道水平、垂直位移分布云图如图 5-21 所示。由图 5-21(a)、(b)可知，三维支护下巷道顶板垂直变形中间位置最大，而普通支护下最大变形位置靠近实体煤帮。比较图 5-21(c)、(d)可以看到，三维支护下巷道右帮变形量大于左帮，而普通支护下右帮变形量要稍大于左帮，相比之下三维支护下两帮变形量相差较小，对比三维、普通支护下的两帮变形量可知，三维支护下巷道两帮的最大变形位置偏中上部，而普通支护下巷道最大变形位置在中下部。

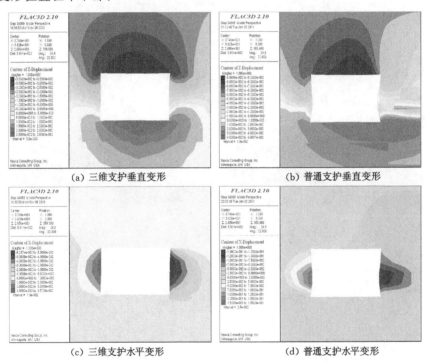

(a) 三维支护垂直变形　　　　　　(b) 普通支护垂直变形

(c) 三维支护水平变形　　　　　　(d) 普通支护水平变形

图 5-21　回采 10 m 时巷道围岩变形云图

两种支护方式下巷道围岩变形曲线比较如图 5-22 所示。由图 5-22(a)可知，三维支护下巷道顶板最大变形量为 35.0 mm，巷道顶板最左端变形量最小，普通支护的顶板最大下沉量为 90.7 mm，顶板最右端变形量最小，三维支护相比普通支护变形量减小幅度为 61.4%；由图 5-22(b)可知，三维支护下左、右帮最大变形量分别为 34.6 mm 和 64.2 mm，普通支护下左、右帮最大变形量分别为 149.3 mm 和 129.8 mm，三维支护相比普通支护的两帮最大移近量减小幅度为 64.6%。

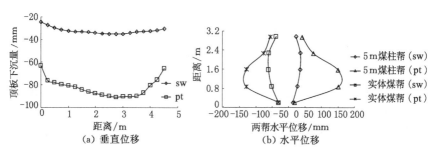

(a) 垂直位移　　　　　(b) 水平位移

图 5-22　回采 10 m 时巷道围岩变形曲线比较

(2) 回采 20 m 时巷道围岩变形

工作面回采 20 m 时两种支护方式下巷道水平、垂直位移分布云图如图 5-23 所示。由图 5-23(a)、(b)可知，三维支护下巷道顶板垂直变形中间位置最大，而普通支护下最大变形位置靠近实体煤帮；比较图 5-23(c)、(d)可以看到，

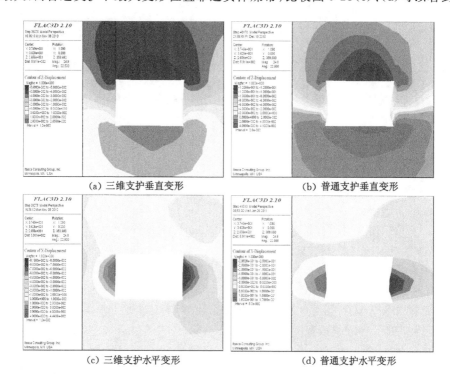

(a) 三维支护垂直变形　　　　　(b) 普通支护垂直变形

(c) 三维支护水平变形　　　　　(d) 普通支护水平变形

图 5-23　回采 20 m 时巷道围岩变形云图

与工作面推进 10 m 时不同,三维支护下和普通支护下都是巷道右帮变形量大于左帮,同样相比之下三维支护下两帮变形量相差较小;对比三维、普通支护下的两帮变形量可知,三维支护下巷道两帮的最大变形量位置偏中上部,而普通支护下巷道两帮的最大变形量位置在中下部。

两种支护方式下巷道围岩变形曲线比较如图 5-24 所示。由图 5-24(a)可知,三维支护下巷道顶板最大变形量为 57.0 mm,巷道顶板最左端变形量最小,普通支护的顶板最大下沉量为 120.7 mm,顶板最右端变形量最小,三维支护相比普通支护变形量减小幅度为 52.8%;由图 5-24(b)可知,三维支护下左、右帮最大变形量分别为 42.7 mm 和 81.7 mm,普通支护下左、右帮最大变形量分别为 170.3 mm 和 292.5 mm,三维支护相比普通支护的两帮最大移近量减小幅度为 73.1%。

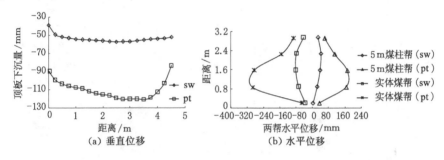

图 5-24 回采 20 m 时巷道围岩变形曲线比较

(3) 回采 30 m 时巷道围岩变形

工作面回采 30 m 时两种支护方式下巷道水平、垂直位移分布云图如图 5-25 所示。由图可知,普通支护下巷道顶板处最大变形仍然出现在顶板右半部分,三维支护顶板变形中间位置最大,但覆岩变形整体来说是越靠近采空区变形越大,这一点相比前 20 m 回采时更加明显;小煤柱两侧靠近采空区部分已经进入塑性区,受顶板挤压向两侧扩张,两帮发生较大的水平变形,三维支护下的巷道围岩变形量都远小于普通支护下;三维支护下和普通支护下实体煤帮的变形量都大于小煤柱帮,普通支护下两帮变形量差别明显,三维支护下两帮变形量相差较小。

两种支护方式下的巷道围岩位移曲线比较如图 5-26 所示。由图 5-26(a)可知,三维支护巷道顶板最大变形量为 85.1 mm,普通支护巷道顶板最大下沉量为 165.2 mm,三维支护相比普通支护变形量减小幅度为 49.4%;由图 5-26(b)可知,三维支护下左、右帮最大变形量分别为 60.2 mm 和 105.2 mm,普通支护下左、右帮最大变形量分别为 222.4 mm 和 339.1 mm,三维支护相比普通支护的两帮最大移近量减小幅度为 70.5%。

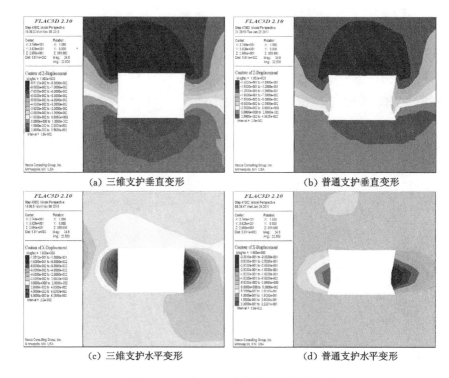

(a) 三维支护垂直变形   (b) 普通支护垂直变形

(c) 三维支护水平变形   (d) 普通支护水平变形

图 5-25   回采 30 m 时巷道围岩变形云图

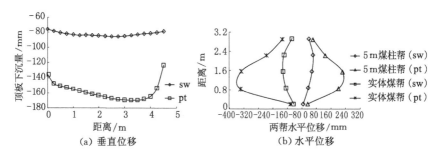

(a) 垂直位移   (b) 水平位移

图 5-26   回采 30 m 时巷道围岩变形曲线比较

（4）回采 40 m 时巷道围岩变形

工作面回采 40 m 时两种支护方式下巷道水平、垂直位移分布云图如图 5-27 所示。工作面推进 40 m 时巷道覆岩垂直变形特征[图 5-27(a)、(b)]相比前 30 m 时更加明显,可以看到此时三维支护下巷道顶板变形量最大值出现在巷道最左端,向右逐渐减小,普通支护下巷道顶板变形区域也开始向左侧转移,虽然最大位移位置仍然位于顶板右半部分,由于顶板的悬臂梁结构,巷道覆岩变形呈现向右下斜压下来的趋势,故在两种支护方式下巷道覆岩变形各等值区域都向左倾斜;对于水平变形,两种支护方式下都仍为小煤柱帮变形量小于实体煤帮,普通支护下小煤柱帮的变形量也很大。

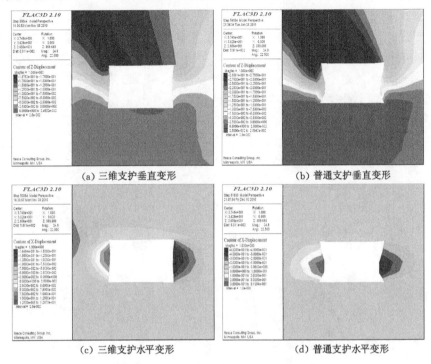

(a) 三维支护垂直变形　　　　　　　(b) 普通支护垂直变形

(c) 三维支护水平变形　　　　　　　(d) 普通支护水平变形

图 5-27　回采 40 m 时巷道围岩变形云图

两种支护方式下的巷道围岩位移曲线比较如图 5-28 所示。由图 5-28(a)可知,三维支护巷道顶板最大变形量为 185.1 mm,普通支护巷道顶板最大下沉量为 280.8 mm,三维支护相比普通支护变形量减小幅度为 34.1%;由图 5-28(b)

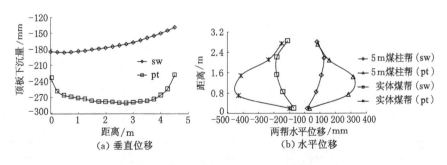

(a) 垂直位移　　　　　　　　　(b) 水平位移

图 5-28　回采 40 m 时巷道围岩变形曲线比较

可知，三维支护下左、右帮最大变形量分别为126.7 mm和164.9 mm，普通支护下左、右帮最大变形量分别为316.4 mm和432.5 mm，三维支护相比普通支护的两帮最大移近量减小幅度为61.1%。

（5）回采50 m时巷道围岩变形

工作面回采50 m时两种支护方式下巷道水平、垂直位移分布云图如图5-29所示。由图5-29(a)、(b)可知，两种支护方式下巷道顶板垂直变形从左向右逐渐增大。对于三维支护方式，由于巷道顶板受到三维锚索作用，顶板变形分布略微呈现上凸拱形结构，巷道底鼓值很小，三维支护在控制巷道顶板变形的同时也约束了小煤柱的垂直变形；普通支护下小煤柱在垂直方向上产生很大的塑性变形；当工作面推进到50 m时，两种支护方式下小煤柱帮的水平变形量都大于实体煤帮。

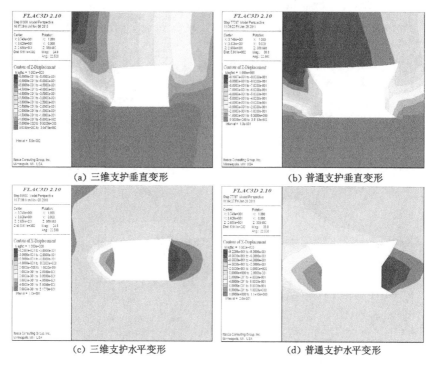

（a）三维支护垂直变形　　　　（b）普通支护垂直变形

（c）三维支护水平变形　　　　（d）普通支护水平变形

图5-29　回采50 m时巷道围岩变形云图

两种支护方式下的巷道围岩变形曲线比较如图5-30所示。在三维支护条件下，巷道小煤柱帮向外鼓出程度大于实体煤帮，最大变形出现在巷道中部位置，整体来说巷道中上部变形量要大于下部；普通支护条件下，巷道两帮都有1 m左右的下沉量，巷道两帮下部变形量大于上部，最大变形量出现在距巷道底板 1 m 左右高度的位置。由图 5-30(a)可知,三维支护巷道顶板最大变形量为419.5 mm,普通支护的顶板最大下沉量为 904.2 mm,三维支护相比普通支护变形量减小幅度为 53.6％;由图 5-30(b)可知,三维支护下左、右帮最大变形量分别为 517.7 mm 和 328.8 mm,普通支护下左、右帮最大变形量分别为 1 132.7 mm和 922.9 mm,三维支护相比普通支护的两帮最大移近量减小幅度为 58.8％。

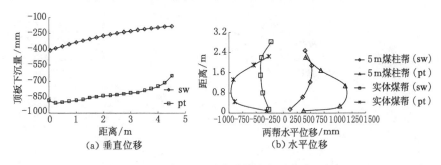

图 5-30　回采 50 m 时巷道围岩变形曲线比较

综合工作面推进 50 m 过程中两种支护方式下的巷道围岩变形可知,三维支护下的巷道水平变形量相比普通支护下减小幅度在 60.0％左右,垂直变形量相比普通支护减小幅度在 50.0％以上,三维支护控制巷道围岩变形效果明显,可以保证回采阶段巷道的安全使用。

5.1.4　巷道断面尺寸 5.0 m×3.2 m 下巷道围岩变形规律

(1) 回采 10 m 时巷道围岩变形

工作面回采 10 m 时两种支护方式下巷道水平、垂直位移分布云图如图 5-31 所示。由图 5-31(a)、(b)可知,三维支护下巷道顶板垂直变形中间位置最大,而普通支护下最大变形位置靠近实体煤帮。比较图 5-31(c)、(d)可以看到,三维支护下巷道右帮变形量大于左帮,而普通支护下右帮变形量要稍大于左帮,相比之下三维支护下两帮变形差量要小很多,对比三维、普通支护下的两帮变形可知,三维支护下巷道两帮的最大变形位置偏中上部,而普通支护下巷道两帮变形最大位置在中下部。

两种支护方式下巷道围岩变形曲线比较如图 5-32 所示。由图 5-32(a)可知,三维支护下巷道顶板最大变形量为 36.8 mm,巷道顶板最左端变形量最小,普通支护下顶板最大下沉量为 95.5 mm,顶板最右端变形最小,三维支护相比普通支护变形量减小幅度为 61.5％;由图 5-32(b)可知,三维支护下左、右帮最大变形量分别为 35.6 mm 和 65.4 mm,普通支护下左、右帮最大变形量分别为 153.2 mm 和135.2 mm,三维支护相比普通支护的两帮最大移近量减小幅度为 65.0％。

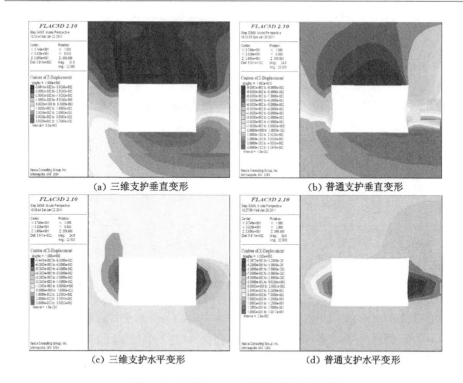

(a) 三维支护垂直变形　　　　　　(b) 普通支护垂直变形

(c) 三维支护水平变形　　　　　　(d) 普通支护水平变形

图 5-31　回采 10 m 时巷道围岩变形云图

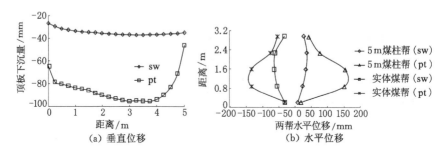

(a) 垂直位移　　　　　　　　　　(b) 水平位移

图 5-32　回采 10 m 时巷道围岩变形曲线比较

（2）回采 20 m 时巷道围岩变形

工作面回采 20 m 时两种支护方式下巷道水平、垂直位移分布云图如图 5-33 所示。由图 5-33(a)、(b)可知，三维支护下巷道顶板垂直变形中间位置最大，而普通支护下最大变形位置靠近实体煤帮；比较图 5-33(c)、(d)可以看到，与工作面推进 10 m 时不同，三维支护下和普通支护下都是巷道右帮变形量大于左帮，同样相比之下三维支护下两帮变形量相差较小；对比三维、普通支护下的两帮变形量可知,三维支护下巷道两帮的最大变形位置偏中上部,而普通支护下巷道两帮变形最大位置在中下部。

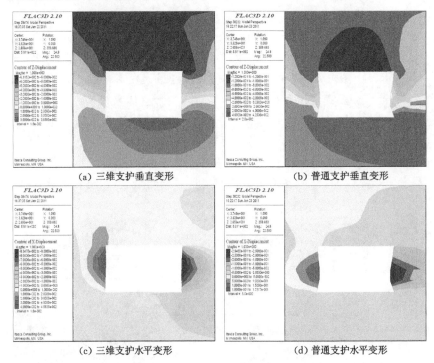

(a) 三维支护垂直变形　　　　　　　　(b) 普通支护垂直变形

(c) 三维支护水平变形　　　　　　　　(d) 普通支护水平变形

图 5-33　回采 20 m 时巷道围岩变形云图

　　两种支护方式下巷道围岩变形曲线比较如图 5-34 所示。由图 5-34(a)可知,三维支护下巷道顶板最大变形量为 61.2 mm,巷道顶板最左端变形最小,普通支护下的顶板最大下沉量为 128.8 mm,顶板最右端变形最小,三维支护相比普通支护变形量减小幅度为 52.8%;由图 5-34(b)可知,三维支护下左、右帮最

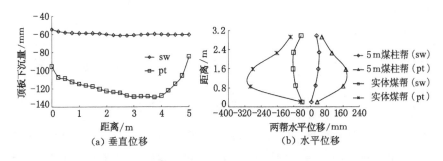

(a) 垂直位移　　　　　　　　　　　　(b) 水平位移

图 5-34　回采 20 m 时巷道围岩变形比较曲线

大变形量分别为 43.1 mm 和 83.5 mm,普通支护下左、右帮最大变形量分别为 173.1 mm 和 294.0 mm,三维支护相比普通支护巷道两帮的最大移近量减小幅度为 72.9%。

(3) 回采 30 m 时巷道围岩变形

工作面回采 30 m 时两种支护方式下巷道水平、垂直位移分布云图如图 5-35 所示。由图可知,普通支护下巷道顶板处最大变形仍然出现在顶板右半部分,三维支护顶板变形中间位置最大,但覆岩变形整体来说是越靠近采空区变形越大,这一点相比前 20 m 回采时更加明显;小煤柱两侧靠近采空区部分已经进入塑性区,受顶板挤压向两侧扩张,两帮发生较大的水平变形,三维支护下的巷道围岩变形量都远小于普通支护下;三维支护下和普通支护下实体煤帮的变形量都大于小煤柱帮,普通支护下两帮变形量差别明显,三维支护下两帮变形量相差较小。

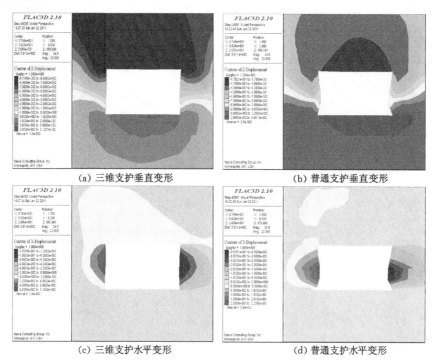

(a) 三维支护垂直变形　　　　　　(b) 普通支护垂直变形

(c) 三维支护水平变形　　　　　　(d) 普通支护水平变形

图 5-35　回采 30 m 时巷道围岩变形云图

两种支护方式下的巷道围岩位移曲线比较如图 5-36 所示。由图 5-36(a)可知,三维支护下巷道顶板最大变形量为 87.4 mm,普通支护下的顶板最大下沉量为 175.2 mm,三维支护相比普通支护变形量减小幅度为 50.1%;由图 5-36(b)可知,三维支护下左、右帮最大变形量分别为 61.3 mm 和 107.5 mm，普通支护下左、右帮最大变形量分别为 223.9 mm 和 351.5 mm，三维支护相比普通支护的两帮最大移近量减小幅度为 70.7%。

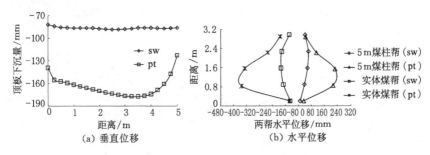

（a）垂直位移　　　　　　　（b）水平位移

图 5-36　回采 30 m 时巷道围岩变形曲线比较

（4）回采 40 m 时巷道围岩变形

工作面回采 40 m 时两种支护方式下巷道水平、垂直位移分布云图如图 5-37 所示。工作面推进 40 m 时巷道覆岩垂直变形特征[图 5-37(a)、(b)]相比前 30 m 时更加明显，可以看到此时三维支护下巷道顶板变形量最大值出现

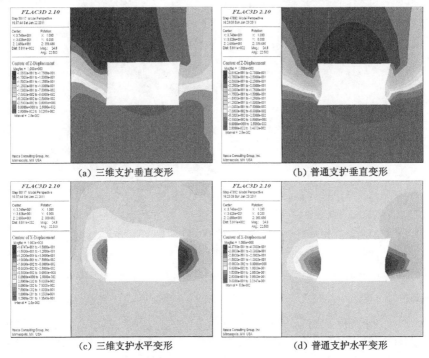

（a）三维支护垂直变形　　　　　　　（b）普通支护垂直变形

（c）三维支护水平变形　　　　　　　（d）普通支护水平变形

图 5-37　回采 40 m 时巷道围岩变形云图

在巷道最左端,向右逐渐减小,普通支护下巷道顶板变形区域也开始向左侧转移,虽然最大位移位置仍然位于顶板右半部分,由于顶板的悬臂梁结构,巷道覆岩变形呈现向右下斜压下来的趋势,故在两种支护方式下巷道覆岩变形各等值区域都向左倾斜;对于水平变形,两种支护方式下都仍为小煤柱帮变形量小于实体煤帮,普通支护下小煤柱帮的变形量也很大。

两种支护方式下的巷道围岩位移曲线比较如图 5-38 所示。由图 5-38(a)可知,三维支护下巷道顶板最大变形量为 190.7 mm,普通支护下顶板最大下沉量为 290.3 mm,三维支护相比普通支护变形量减小幅度为 34.3%;由图 5-38(b)可知,三维支护下左、右帮最大变形量分别为 127.3 mm 和 167.5 mm,普通支护下左、右帮最大变形量分别为 320.6 mm 和 436.8 mm,三维支护相比普通支护两帮的最大移近量减小幅度为 60.9%。

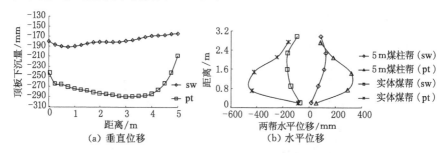

图 5-38 回采 40 m 时巷道围岩变形曲线比较

(5) 回采 50 m 时巷道围岩变形

工作面回采 50 m 时两种支护方式下巷道水平、垂直位移分布云图如图 5-39 所示。由图 5-39(a)、(b)可知,两种支护方式下巷道顶板垂直变形量从左向右逐渐增大,对于三维支护方式,由于巷道顶板受到三维锚索作用,顶板变形分布略微呈现上凸拱形结构,巷道底鼓值很小,三维支护在控制巷道顶板变形的同时也约束了小煤柱的垂直变形;普通支护下小煤柱在垂直方向上产生了很大的塑性变形;当工作面推进到 50 m 时,两种支护方式下小煤柱帮的水平变形量都大于实体煤帮。

两种支护方式下的巷道围岩位移曲线比较如图 5-40 所示。由图可知,在三维支护条件下,巷道小煤柱帮向外鼓出程度大于实体煤帮,最大变形出现在巷道中部位置,整体来说巷道中上部变形量要大于下部;普通支护条件下,巷道两帮都有 1 m 左右的下沉量,巷道两帮下部变形量大于上部,最大变形量出现在距巷道底板 1 m 左右高度的位置。由图 5-40(a)可知,三维支护下巷道顶板最大变形量为 430.6 mm,普通支护的顶板最大下沉量为 1 026.1 mm,三维支护相比普通支护变

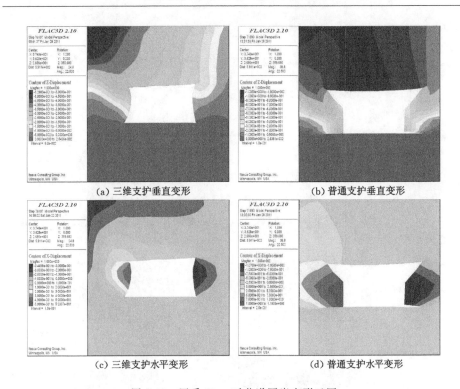

(a) 三维支护垂直变形　　　　　　　(b) 普通支护垂直变形

(c) 三维支护水平变形　　　　　　　(d) 普通支护水平变形

图 5-39　回采 50 m 时巷道围岩变形云图

形量减小幅度为 58.0%；由图 5-40(b) 可知，三维支护下左、右帮最大变形量分别为 523.1 mm 和 344.9 mm，普通支护下左、右帮最大变形量分别为 1 182.9 mm 和 1 048.7 mm，三维支护相比普通支护的两帮最大移近量减小幅度为 61.1%。

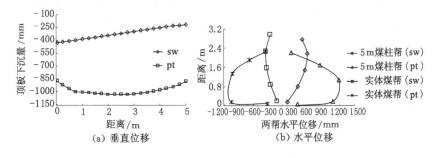

(a) 垂直位移　　　　　　　　　　(b) 水平位移

图 5-40　回采 50 m 时巷道围岩变形曲线比较

综合工作面推进 50 m 过程中两种支护方式下的巷道围岩变形可知，三维支护的巷道水平变形量相比普通支护减小幅度在 60.0% 以上，垂直变形量相比普通支护减小幅度在 50.0% 以上，三维支护控制巷道围岩变形效果明显，可以保证回采阶段巷道的安全使用。

5.1.5 巷道断面尺寸 5.5 m×3.2 m 下巷道围岩变形规律

（1）回采 10 m 时巷道围岩变形

工作面回采 10 m 时两种支护方式下巷道水平、垂直位移分布云图如图 5-41 所示。由图 5-41（a）、（b）可知，三维支护下巷道顶板垂直变形中间位置最大，而普通支护下最大变形位置靠近实体煤帮。比较图 5-41（c）、（d）可以看到，三维支护下巷道右帮变形量大于左帮，而普通支护下右帮变形量要稍大于左帮，相比之下三维支护下两帮变形量相差较小，对比三维、普通支护下的两帮变形量可知，三维支护下巷道两帮的最大变形位置偏中上部，而普通支护下巷道变形最大位置在中下部。

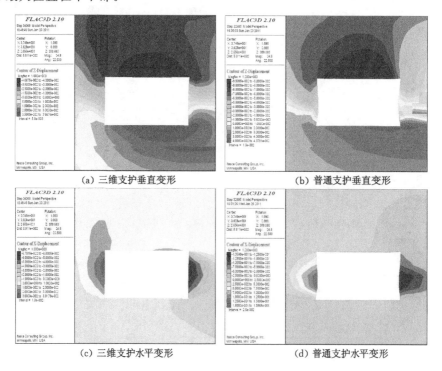

(a) 三维支护垂直变形   (b) 普通支护垂直变形

(c) 三维支护水平变形   (d) 普通支护水平变形

图 5-41　回采 10 m 时巷道围岩变形云图

两种支护方式下巷道围岩变形曲线比较如图 5-42 所示。由图 5-42（a）可知，三维支护下巷道顶板最大变形量为 38.6 mm，巷道顶板最左端变形最小，普通支护下的顶板最大下沉量为 99.4 mm，顶板最右端变形量最小，三维支护相比普通支护变形量减小幅度为 61.2%；由图 5-42（b）可知，三维支护下左、右帮最大变形量分别为 36.2 mm 和 65.9 mm,普通支护下左、右帮最大变形量分别为 153.9 mm 和 140.5 mm,三维支护相比普通支护的两帮最大移近量减小幅度为 65.3%。

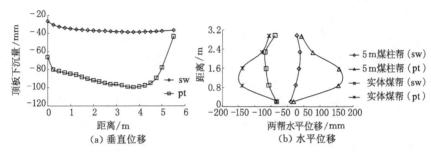

图 5-42　回采 10 m 时巷道围岩变形曲线比较

(2) 回采 20 m 时巷道围岩变形

工作面回采 20 m 时两种支护方式下巷道水平、垂直位移分布云图如图 5-43 所示。由图 5-43(a)、(b)可知,三维支护下巷道顶板垂直变形中间位置最大,而普通支护下最大变形位置靠近实体煤帮;比较图 5-43 (c)、(d)可以看

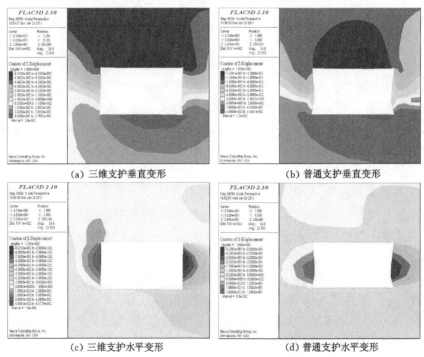

图 5-43　回采 20 m 时巷道围岩变形云图

到,与工作面推进 10 m 时不同,三维支护下和普通支护下都是巷道右帮变形量大于左帮,同样相比之下三维支护下两帮变形量相差较小;对比三维、普通支护下的两帮变形量可知,三维支护下巷道两帮的最大变形位置偏中上部,而普通支护下巷道两帮的最大变形位置在中下部。

两种支护方式下巷道围岩变形曲线比较如图 5-44 所示。由图 5-44(a)可知,三维支护下巷道顶板最大变形量为 63.2 mm,巷道顶板最左端变形量最小,普通支护的顶板最大下沉量为 133.6 mm,顶板最右端变形最小,三维支护相比普通支护变形量减小幅度为 52.7%;由图 5-44(b)可知,三维支护下左、右帮最大变形量分别为 46.7 mm 和 86.7 mm,普通支护下左、右帮最大变形量分别为 174.7 mm 和 299.5 mm,三维支护相比普通支护两帮的最大移近量减小幅度为 71.9%。

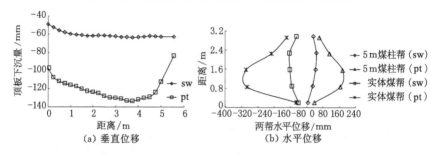

图 5-44　回采 20 m 时巷道围岩变形曲线比较

(3) 回采 30 m 时巷道围岩变形

工作面回采 30 m 时两种支护方式下巷道水平、垂直位移分布云图如图 5-45 所示。由图可知,普通支护下巷道顶板处最大变形仍然出现在顶板右半部分,三维支护下顶板变形中间位置最大,但覆岩变形整体来说是越靠近采空区变形越大,这一点相比前 20 m 回采时更加明显;小煤柱两侧靠近采空区部分已经进入塑性区,受顶板挤压向两侧扩张,两帮发生较大的水平变形,三维支护下的巷道围岩变形量都远小于普通支护下;三维支护下和普通支护下实体煤帮的变形量都大于小煤柱帮,普通支护下两帮变形量差别明显,三维支护下两帮变形量相差较小。

两种支护方式下的巷道围岩位移曲线比较如图 5-46 所示。由图 5-46(a)可知,三维支护下巷道顶板最大变形量为 90.8 mm,普通支护下顶板最大下沉量为 179.4 mm,三维支护相比普通支护变形量减小幅度为 49.4%;由图 5-46(b)可知,三维支护下左、右帮最大变形量分别为 64.2 mm 和 110.1 mm,普通支护下左、右帮最大变形量分别为 226.8 mm 和 360.9 mm,三维支护相比普通支护两帮的最大移近量减小幅度为 70.3%。

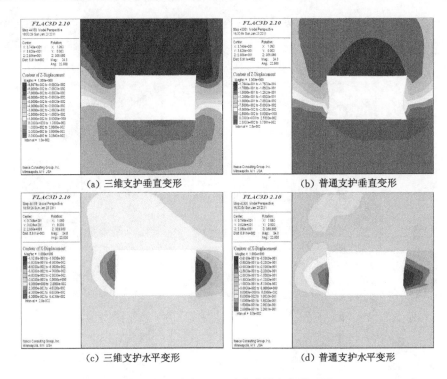

(a) 三维支护垂直变形　　　　　　(b) 普通支护垂直变形

(c) 三维支护水平变形　　　　　　(d) 普通支护水平变形

图 5-45　回采 30 m 时巷道围岩变形云图

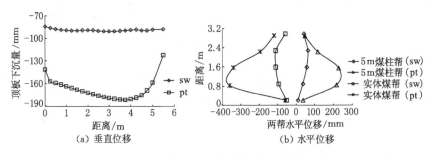

(a) 垂直位移　　　　　　　　(b) 水平位移

图 5-46　回采 30 m 时巷道围岩变形曲线比较

(4) 回采 40 m 时巷道围岩变形

工作面回采 40 m 时两种支护方式下巷道水平、垂直位移分布云图如图 5-47 所示。工作面推进 40 m 时巷道覆岩垂直变形特征[图 5-47(a)、(b)]相比前 30 m 时更加明显,可以看到此时三维支护下巷道顶板变形最大值出现在巷道最左端,向右逐渐减小,普通支护下巷道顶板变形区域也开始向左侧转移,虽然最大位移位置仍然位于顶板右半部分,由于顶板的悬臂梁结构,巷道覆岩变形呈现向右下斜压下来的趋势,故在两种支护方式下巷道覆岩变形各等值区域都向左倾斜;对于水平变形,两种支护方式下都仍为小煤柱帮变形量小于实体煤帮,普通支护下小煤柱帮的变形量也很大。

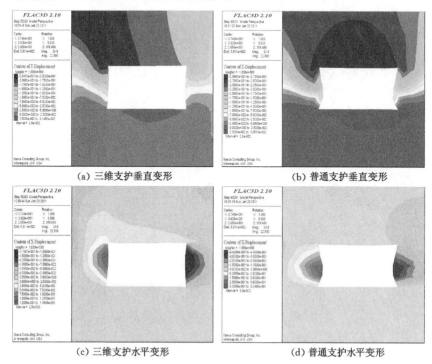

(a) 三维支护垂直变形　　　　　　(b) 普通支护垂直变形

(c) 三维支护水平变形　　　　　　(d) 普通支护水平变形

图 5-47　回采 40 m 时巷道围岩变形云图

　　两种支护方式下的巷道围岩位移曲线比较如图 5-48 为所示。由图 5-48(a)可知,三维支护巷道顶板最大变形量为 199.5 mm,普通支护的顶板最大下沉量为 297.8 mm,三维支护相比普通支护变形量减小幅度为 33.0%;由图 5-48(b)可知,三维支护下左、右帮最大变形量分别为 130.1 mm 和 170.2 mm,普通支护

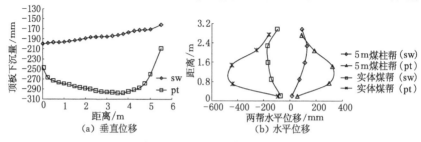

(a) 垂直位移　　　　　　　　(b) 水平位移

图 5-48　回采 40 m 时巷道围岩变形曲线比较

下左、右帮最大变形量分别为 324.7 mm 和 444.9 mm，三维支护相比普通支护的两帮最大移近量减小幅度为 61.0%。

（5）回采 50 m 时巷道围岩变形

工作面回采 50 m 时两种支护方式下巷道水平、垂直位移分布云图如图 5-49 所示。由图 5-49(a)、(b)可知，两种支护方式下巷道顶板垂直变形量从左向右逐渐增大，对于三维支护方式，由于巷道顶板受到三维锚索作用，顶板变形分布略微呈现上凸拱形结构，巷道底鼓值很小，三维支护在控制巷道顶板变形的同时也约束了小煤柱的垂直变形；普通支护下小煤柱在垂直方向产生很大的塑性变形；当工作面推进到 50 m 时，两种支护方式下小煤柱帮的水平变形量都大于实体煤帮，如图 5-49(c)、(d)所示。

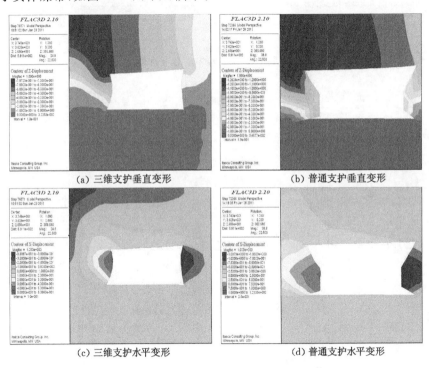

（a）三维支护垂直变形　　　　　　　（b）普通支护垂直变形

（c）三维支护水平变形　　　　　　　（d）普通支护水平变形

图 5-49　回采 50 m 时巷道围岩变形云图

两种支护方式下的巷道围岩位移曲线比较如图 5-50 所示。在三维支护条件下，巷道小煤柱帮向外鼓出程度大于实体煤帮，最大变形出现在巷道中部位置，整体来说巷道中上部变形量要大于下部；普通支护条件下，巷道两帮都有 1 m 左右的下沉量，巷道两帮下部变形量大于上部，最大变形量出现在距巷道底板 1 m 左右高度的位置。由图 5-50(a)可知，三维支护巷道顶板最大变形量为

443.4 mm,普通支护的顶板最大下沉量为 1 207.2 mm,三维支护相比普通支护变形量减小幅度为 58.0%;由图 5-50(b)可知,三维支护下左、右帮最大变形量分别为 538.6 mm 和 360.0 mm,普通支护下左、右帮最大变形量分别为 1 212.9 mm 和 1 096.1 mm,三维支护相比普通支护两帮的最大移近量减小幅度为 62.4%。

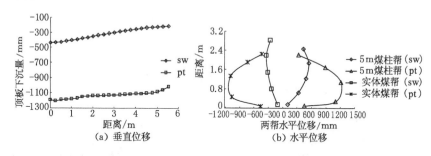

图 5-50　回采 50 m 时巷道围岩变形曲线比较

综合工作面推进 50 m 过程中两种支护方式下的巷道围岩变形可知,三维支护下的巷道水平变形量相比普通支护减小幅度在 60.0% 以上,垂直变形量相比普通支护减小幅度在 55.0% 以上,三维支护控制巷道围岩变形效果较明显,可以保证回采阶段巷道的安全使用。

(6) 不同断面尺寸下巷道围岩变形比较

与第 4.2 节断面尺寸对巷道围岩应力分布影响分析相同,规定 5 种断面尺寸下巷道围岩变形情况依次为方案 1～方案 5,分别获取工作面推进 10 m、20 m、30 m、40 m、50 m 时各种方案下顶板和两帮的位移值并作曲线比较,如图 5-51 和图 5-52 所示。其中,三维支护下的巷道顶板和两帮变形曲线比较如图 5-51 所示,普通支护下的巷道顶板和两帮变形曲线比较如图 5-52 所示。

观察图 5-51、图 5-52 中的变形曲线可以看到,5 种方案下的巷道围岩变形变化规律大致相同,即在工作面推进的前 40 m 巷道围岩变形相对较小,增幅也较平缓,在工作面推进到 50 m 时巷道围岩变形增幅很大,尤其是普通支护下的位移增幅更加明显。此外还可以看到前 40 m 的巷道围岩变形值几乎叠加到一起,因此不能明显看出 5 种方案下随巷道断面尺寸改变而引起的巷道围岩变形变化规律,这是因为一方面前 40 m 推进过程中 5 种方案下巷道围岩变形量相差不大;另一方面则是由于巷道围岩变形初始值和最终值差别很大,但在工作面推进到 50 m 时 5 种方案下的位移大小排列顺序可以辨别。数据表明,无论是三维支护还是普通支护,随着巷道断面尺寸的增大,5 种方案下的巷道顶板、左帮、右帮变形量都呈增大趋势。下面对工作面推进到 50 m 时 5 种方案下的巷道围岩

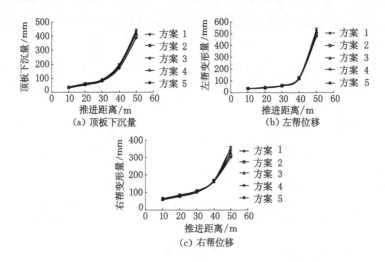

图 5-51 三维支护下不同断面尺寸巷道围岩变形曲线比较

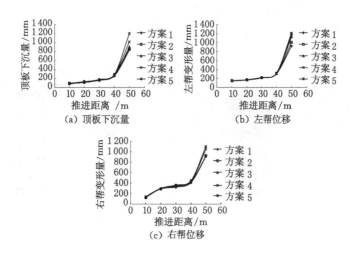

图 5-52 普通支护下不同断面尺寸巷道围岩变形曲线比较

变形值进行简要比较,结果如下:① 三维支护下,巷道断面尺寸分别为 3.5 m×
3.2 m、4.0 m×3.2 m、4.5 m×3.2 m、5.0 m×3.2 m、5.5 m×3.2 m 时的顶板
下沉量最大值分别为 388.4 mm、397.2 mm、419.5 mm、430.6 mm 和 443.4 mm,两
两之间的增幅依次为 2.27%、5.61%、2.65% 和 2.97%,左帮变形量最大值分别
为 477.4 mm、495.1 mm、517.7 mm、523.1 mm 和 538.6 mm,两两之间的增幅
依次为 3.71%、4.56%、1.04% 和 2.96%,右帮变形量最大值分别为 301.6 mm、
315.0 mm、328.8 mm、344.9 mm 和 360.0 mm,两两之间的增幅依次为4.44%、

4.38％、4.90％和4.38％；② 普通支护下，巷道断面尺寸分别为3.5 m×3.2 m、4.0 m×3.2 m、4.5 m×3.2 m、5.0 m×3.2 m、5.5 m×3.2 m时的顶板下沉量最大值分别为839.7 mm、854.2 mm、904.2 mm、1 026.1 mm和1 207.2 mm，两两之间的增幅依次为1.73％、5.85％、13.5％和17.6％，左帮变形量最大值分别为926.8 mm、1 010.2 mm、1 132.7 mm、1 182.9 mm和1 212.9 mm，两两之间的增幅依次为9.00％、12.1％、4.43％和2.54％，右帮变形量最大值分别为907.7 mm、916.3 mm、922.9 mm、1 048.7 mm和1 096.1 mm，两两之间的增幅依次为0.95％、0.72％、13.6％和4.52％。

5.2 新型三维支护与普通支护巷道围岩变形规律

因为在工作面推进到30 m以后，三维支护与普通支护顶板变形都不能明显地看到锚杆、锚索的支护效果，因此分析只选取了两种支护方式下在工作面回采前(只开掘沿空巷道)0～10 m段巷道顶板(回采面初始位置处y方向坐标为0)和工作面回采10 m、20 m时工作面前方10 m范围的巷道顶板垂直变形云图作为分析对象，如图5-53～图5-55所示。

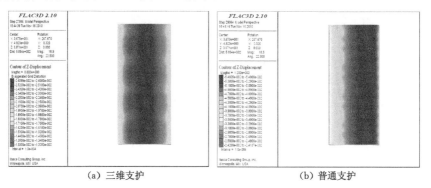

(a) 三维支护　　　　　　　　　　　(b) 普通支护

图 5-53　工作面回采前巷道0～10 m段顶板位移云图比较

各图中的坐标值由上向下逐渐增大，以图5-53为例，顶线和底线坐标分别为$y=0$和$y=10$，对比图5-53(a)、(b)可以看到，两种支护方式下的支护效果有较大差别。对于图5-53(a)所示的三维支护，顶板变形具有明显的结构性特征，因三维锚索排距为2.4 m，间距为2 m，一排打两根锚索，故顶板变形可以想象为被"四横两纵"6条线划分为不同区域，这6条线即三维锚索的支护结构，在这6条线附近的顶板变形量要小于其他区域，在所取的10 m段内，中间与两侧被4条"横线"划分出的4片区域的顶板变形分布情况大致相同，而对于某2条横

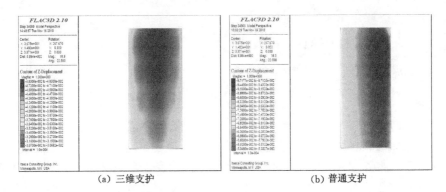

（a）三维支护　　　　　　　　　　　（b）普通支护

图 5-54　工作面回采 10 m 时巷道 10～20 m 段顶板位移云图比较

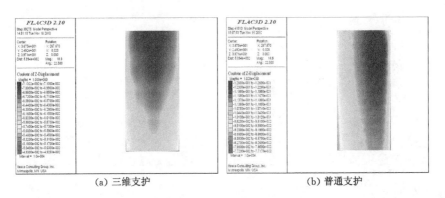

（a）三维支护　　　　　　　　　　　（b）普通支护

图 5-55　工作面回采 20 m 时巷道 20～30 m 段顶板位移云图比较

线间又被 2 条"纵线"划分出的 3 片区域（如 0.4～2.8 m 段内自左向右 3 片区域），则体现为中间变形大于两侧；相比三维支护，普通支护每根锚杆、锚索都约束其附近一小片区域的变形，可以在图 5-53（b）中清楚地看到巷道中线上锚杆的支护效果，在打普通锚索区域，锚索与锚杆的共同作用使得锚索和前后邻近的锚杆三者间的变形要稍小于其他区域，与三维支护不同，普通支护下巷道右侧变形要大于左侧。

当工作面推进 10 m、20 m 时，巷道顶板位移分布情况与工作面推进前大致相同，对于三维支护，因后方采空区的下沉作用，在靠近采空区一端顶板变形更大一些，这一点从图 5-54 和图 5-55（a）都可以明显看到，普通支护下同样也是越靠近采空区顶板下沉量越大，同时相比图 5-53，因顶板下沉量有所增大，锚杆、锚索的支护效果更加明显。

5.3　钻孔卸压巷道围岩变形规律

5.3.1　不同卸压孔布置条件下巷道两帮水平位移特征

在不同卸压孔布置方式情况下,巷道围岩应力得到了不同程度的降低,围岩应力的降低必然伴随着围岩变形量的变化。通过 FLAC³ᴰ 数值模拟软件,对不同卸压孔布置方式下沿空巷道三维锚索支护围岩变形量进行对比分析,进而研究不同卸压孔布置方式下巷道围岩变形规律。巷道围岩水平位移云图如图 5-56 所示。

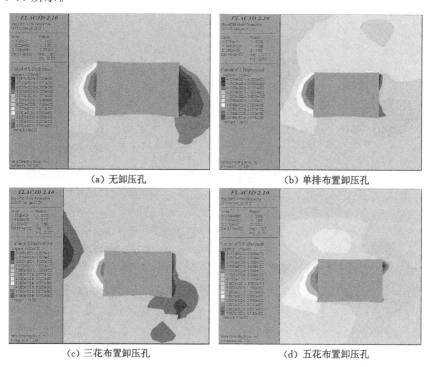

(a) 无卸压孔　　　　　　　　　(b) 单排布置卸压孔

(c) 三花布置卸压孔　　　　　　　(d) 五花布置卸压孔

图 5-56　巷道围岩水平位移云图

由图 5-56 可知,有卸压孔情况与无卸压孔情况下巷道右帮水平位移有明显区别。无卸压孔时,巷道右帮中间水平位移最大,向上下延伸时逐渐减小,右帮鼓起呈一近似拱面;有卸压孔时,右帮中间区域水平位移比较小,这是由于右帮中间位置沿巷道走向排状布置了卸压孔,卸压孔受挤压破坏,影响了其周围的煤柱变形。从云图上可以看出,单排卸压孔布置情况下,巷道右帮中间变形小的区域较其他布置方式窄，这是由于单排卸压孔布置方式对右帮煤柱的影响区域比其他布置方式窄。整体而言，巷道右帮的水平位移在有卸压孔情况下比无卸压孔情况下减小了。

有无卸压孔情况下巷道左帮的水平位移曲线如图 5-57 所示。由图可以看出，与无卸压孔时相比，有卸压孔情况下巷道左帮最大水平位移出现的位置向上移动了约 0.5 m，距离煤巷底板约 2.2 m；三花卸压孔布置情况下，巷道左帮最大水平位移与无卸压孔时差不多，约为 57 mm；单排卸压孔布置情况下，巷道左帮水平位移整体减小，最大值约为 46 mm，比无卸压孔情况下减小了 19.3％；五花卸压孔布置情况下，巷道左帮水平变形量进一步减小，最大值约为 32 mm，与无卸压孔时相比，变形量减小 43.8％，跟单排卸压孔布置情况下相比，变形量减小了 30.4％。由此可以看出五花卸压孔布置方式效果最好。

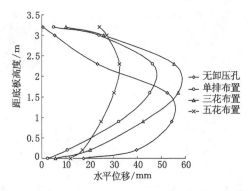

图 5-57　巷道左帮水平位移曲线

巷道右帮水平位移曲线如图 5-58 所示。由图可知，有卸压孔情况下巷道右帮水平位移曲线呈波浪状，变形量分布很不规整。这是由于卸压孔附近煤体破碎，应力释放，变形没有规律。但是与无卸压孔情况下相比，膨胀变形量明显减小。不同卸压孔布置方式相比，五花布置情况下巷道右帮水平位移量最小。

5.3.2　不同卸压孔布置条件下巷道顶底板垂直位移特征

不同卸压孔布置条件下，巷道围岩垂直位移云图如图 5-59 所示。由图可知，无卸压孔情况下与三花卸压孔布置情况下的巷道围岩垂直位移分布特征相似，而单排卸压孔布置与五花卸压孔布置情况也比较接近。

不同卸压孔布置条件下巷道底板底鼓量如图 5-60 所示。从该图可以看到，有无卸压孔情况下巷道底板垂直位移变化趋势基本相似，且在距巷道右帮约 1.5 m 位置出现最大底鼓量。无卸压孔时，巷道底板最大垂直位移为 56 mm；三

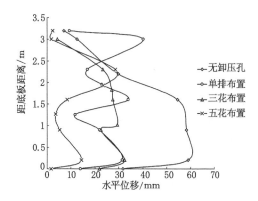

图 5-58　巷道右帮水平位移曲线

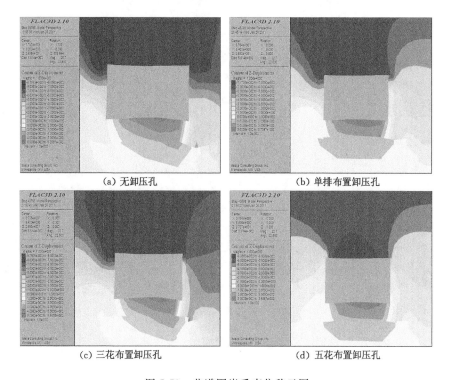

图 5-59　巷道围岩垂直位移云图

花卸压孔布置情况下,巷道底板最大垂直位移为 52 mm,比无卸压孔时减小了 7.1％;单排卸压孔布置情况下,巷道底板最大垂直位移为 38 mm,比无卸压孔时减小了 26.9％;五花卸压孔布置情况下,巷道底板最大垂直位移为 37 mm,比无卸压孔时减小了 28.8％。由此可见,卸压孔对巷道底板变形控制的效果较为明显,尤以卸压孔单排布置与五花布置效果最为显著。

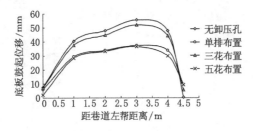

图 5-60 巷道底板垂直位移曲线

不同卸压孔布置条件下巷道顶板下沉曲线如图 5-61 所示。从该图可以看到,4 条曲线的形状较为类似,表明有无卸压孔和不同卸压孔布置情况下顶板下沉的变化特征相似,且卸压孔单排布置与五花布置情况下,顶板下沉量要比无卸压孔和卸压孔三花布置情况下小不少。无卸压孔时,顶板下沉量约为 85 mm;卸压孔三花布置时,顶板下沉量与之接近,只是在靠近巷道右帮处顶板下沉量略有减小;卸压孔单排布置情况下,顶板下沉量约为 72 mm,与无卸压孔时对比,减小了 15.3%;卸压孔五花布置情况下顶板下沉量约为 64 mm,比无卸压孔时减小了 24.7%。由此可以看出,卸压孔五花布置方式对顶板下沉量控制效果最为显著。

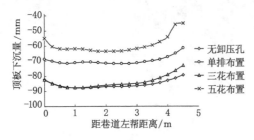

图 5-61 巷道顶板下沉曲线

5.4 不同采深下三维支护沿空巷道围岩变形规律

与第 4.5 节的分析相同,5 种采深分别为 200 m、300 m、400 m、600 m、800 m,其中 300 m 采深为山西王庄煤矿三维支护试验区的实际采深,另外 4 种采深以 200 m 为间隔逐渐递增,通过比较分析得到不同采深下沿空巷道围岩变形规律。图 5-62、图 5-63 分别为 5 种采深下工作面回采 50 m 后的巷道围岩垂直、水平应力分布云图,只选取该推进距离下的巷道围岩变形作为分析对象的原因已经在

第 4.5 节做过解释,在此不再重复说明;图 5-64(a)、(b)的 5 条曲线分别对应 5 种采深条件下沿空巷道围岩变形在工作面回采过程中的变化情况以及随采深改变巷道围岩变形所表现出的整体规律性变化。

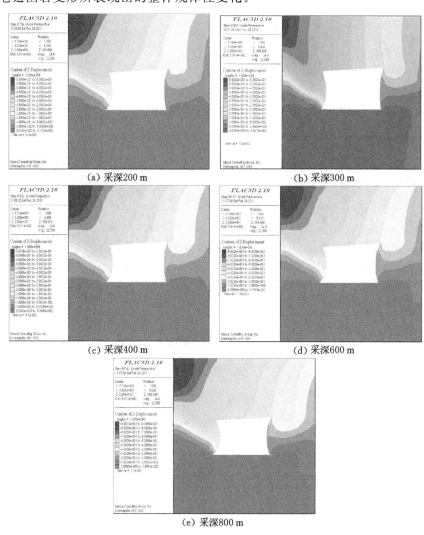

(a) 采深200 m

(b) 采深300 m

(c) 采深400 m

(d) 采深600 m

(e) 采深800 m

图 5-62　不同采深下巷道围岩垂直变形云图

从图 5-62、图 5-63 可知,5 种采深条件下巷道围岩变形云图分布情况大致相同,顶板垂直变形量都是从左向右逐渐增大,由于巷道顶板受到三维锚索作用,顶板变形分布大致呈现上凸拱形结构,巷道底鼓值很小,小煤柱帮的水平变形量都大于实体煤帮,小煤柱帮向外鼓出程度大于实体煤帮,最大变形出现在巷

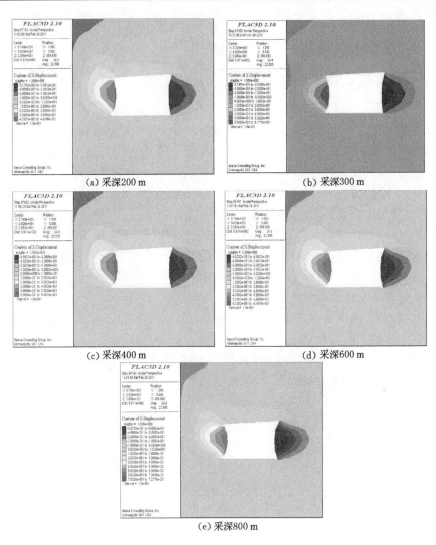

（a）采深200 m   （b）采深300 m

（c）采深400 m   （d）采深600 m

（e）采深800 m

图 5-63　不同采深下巷道围岩水平变形云图

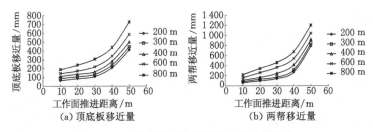

（a）顶底板移近量   （b）两帮移近量

图 5-64　不同采深下巷道围岩变形曲线比较

道中部位置,整体来说巷道中上部变形量要大于下部;观察图 5-64 可知,随采深增大巷道顶底板移近量和两帮移近量都呈明显增大趋势,前面第 4.6 节分析了在巷道围岩变形量增大的情况下为什么巷道两侧煤柱的应力也发生增大,至于巷道围岩变形量增大主要是不同采深条件下的巷道围岩变形量在沿空巷道开掘而综采工作面还未回采前就已经不同。采深越大,煤层的原岩应力越大,沿空巷道开掘后巷道围岩变形量也就越大,而随着综采工作面推进距离的增大,巷道两帮和顶板附近最先进入塑性区,在此后的推进过程中变形量会一直增大,而且采深越大,工作面推进产生的集中应力越大,巷道围岩变形量增幅越大,也就是说,无论是在综采工作面回采前还是回采过程中都是采深越大,巷道围岩变形量越大,因此表现出如图 5-64 所示的规律;对于图中顶底板或两帮移近量 5 条曲线中的任一条曲线,都表现为在前 40 m 推进过程中变形量增幅较小,在工作面推进到 50 m 时变形量增幅较大,这是因为在前 40 m 推进过程中工作面后方采空区还没有接地,在推进到 50 m 时采空区接地了,采空区的大变形造成前方小煤柱和实体煤都发生了较大的变形。

数据表明,采深为 200 m、300 m、400 m、600 m、800 m 时小煤柱在工作面推进过程中的顶底板移近量分别为 414.9 mm、448.9 mm、501.9 mm、590.1 mm、729.9 mm,两两间增量依次为 8.19%、11.6%、17.7%和 23.7%;两帮移近量分别为 809.1 mm、847.0 mm、916.6 mm、1 046.7 mm、1 202.1 mm,两两间增量依次为 4.68%、8.22%、14.2%和 14.8%。

5.5　本　章　小　结

本章以潞安矿区王庄煤矿 52 采区采矿地质条件为背景,分别对 3.5 m×3.2 m、4.0 m×3.2 m、4.5 m×3.2 m、5.0 m×3.2 m、5.5 m×3.2 m 共 5 种断面尺寸沿空巷道在掘进和工作面回采过程中围岩变形特征进行数值模拟,得到了各自断面尺寸巷道在三维、普通支护下的巷道围岩变形规律,并对三维、普通支护下的巷道顶板变形特征进行比较。此外,还计算分析了不同卸压孔布置条件下的巷道围岩变形规律,主要得到如下结论:

(1) 三维支护下巷道两帮的最大变形位置偏中上部,而普通支护下巷道最大变形位置在中下部;两种支护方式下巷道围岩变形都表现为在工作面后方采空区接地前增长相对平缓,在采空区接地后围岩变形量增幅很大;在采空区接地前小煤柱帮变形量小于实体煤帮,接地后小煤柱帮的变形量大于实体煤帮;普通支护下巷道顶板变形量在工作面回采初期是靠近实体煤一侧较大,随工作面推进距离的增大,顶板变形最大值逐渐向小煤柱一侧转移,三维支护下巷道顶板变形在初期为巷道中部位置最大,随工作面推进顶板变形最大值也逐渐向小煤柱一侧转移,两种支护方式下采空区接地后的顶板变形都是小煤柱端下沉量最大,实体煤端最小。

(2) 三维支护和普通支护下巷道围岩变形量都随巷道断面尺寸的增大而增大,在采空区接地前 5 种断面尺寸巷道的围岩变形量相差不大,在采空区接地后 5 种方案下的位移差别明显;5 种巷道断面尺寸条件下三维支护的巷道水平变形量相比普通支护减少幅度都在 60.0% 左右,垂直变形量相比普通支护减少幅度在 50.0% 以上,三维支护控制巷道围岩变形效果较明显,可以保证回采阶段巷道的安全使用。

(3) 在工作面推进初期,三维支护下顶板变形具有明显的结构性特征,顶板变形可以想象为被"四横两纵"6 条线划分为不同区域,这 6 条线即三维锚索的支护结构,在这 6 条线附近的顶板变形量要小于其他区域;普通支护下每根锚杆、锚索都约束其附近一小片区域的变形,两种支护方式下沿空巷道顶板变形都是越靠近后方采空区变形量越大。

(4) 在实体煤中打卸压孔使得高应力向煤层深部转移,有效地控制了巷道围岩变形。三花卸压孔布置情况下,巷道围岩变形量变化不明显;单排卸压孔布置情况下,与无卸压孔对比,巷道左帮水平位移减小了 19.3%,顶、底板垂直位移分别减小了 15.3%、26.9%;五花卸压孔布置情况下,与无卸压孔对比,巷道左帮水平位移减小了 43.8%,顶、底板垂直位移分别减小了 24.7%、28.8%。由此可以看出,五花布置方式对控制巷道围岩变形效果最为显著。

(5) 比较分析了采深分别为 200 m、300 m、400 m、600 m、800 m 时综采工作面回采过程中沿空巷道围岩变形规律。结果表明,随采深增大巷道顶、底板移近量和两帮移近量都呈明显增大趋势。

6 沿空巷道三维锚索支护围岩稳定性控制分析

相似试验是以相似理论为基础的模型试验技术,利用事物或现象之间存在的相似或类似等特征来研究自然规律。本章结合潞安矿区王庄煤矿 52 采区的生产地质条件,制作了相似材料模型,通过相似材料模拟试验的方法研究了三维锚索支护沿空巷道围岩结构的变形特征,探讨三维锚索支护对沿空巷道围岩的控制作用。

6.1 三维锚索支护模型

6.1.1 相似模拟理论

物理模拟是指基本现象相同情况下的模拟。这时模型与原型的所有物理量相同,物理本质一致,区别只在于各物理量的大小比例不同。因此,物理模拟也可以说是保持物理本质一致的模拟。物理模拟的方法很多,有相似材料模型模拟、离心模拟等。在采矿学科中应用较为广泛的为相似材料模型模拟。用相似材料模拟方法研究岩层移动的实质是,根据相似原理将矿山岩层在研究的范围内以一定比例缩小,用相似材料制成模型,然后对模型中的煤层模拟实际情况进行“开采”及“支护”,观测模型上的岩层由于“开采”引起的移动、变形和破坏情况,分析、推断实际岩层所发生的情况。

在进行各种现象的物理过程或力学性质的研究时,物理量的相似主要是指一般几何相似、动力学相似以及运动学相似 3 类。

相似理论的理论基础是相似三定理[199]。

相似第一定理:对相似的现象,其相似准则的数值相同。

相似第二定理:设一个物理系统有 n 个物理量,其中有 k 个物理量的量纲是相互独立的,那么这 n 个物理量可表示成相似准则 $\Pi_1,\Pi_2,\cdots,\Pi_{n-k}$ 之间的函数关系。

相似第三定理:对于同一类的物理现象,如果单值量相似,而且由单值量组成的相似准则在数值上相等,则现象相似。

实质上模型(参数加′表示)和原型(参数加″表示)之间满足下列 6 个基本相似条件[200-201]:

（1）几何相似

模型与原型几何尺寸满足：

$$\frac{l'_1}{l''_1} = \frac{l'_2}{l''_2} = \cdots = C_l \tag{6-1}$$

式中 C_l——相似常数，下同。

（2）运动相似

模型与原型在几何相似的基础上，保证对应时刻相似：

$$\frac{t'_1}{t''_1} = \frac{t'_2}{t''_2} = \cdots = C_t = \sqrt{C_l} \tag{6-2}$$

（3）应力相似

模型材料的应力-应变曲线应该与原型岩体对应相似，有：

$$C_p = C_\gamma \cdot C_l, C_\sigma = C_\gamma \cdot C_l, C_\mu = 1 \tag{6-3}$$

式中 C_γ——重力密度比。

（4）动力相似

对动力学相似系统，其每一个系统应该满足牛顿第二定律：

$$F = m\frac{dv}{dt} \tag{6-4}$$

由此可推出：

$$\frac{m'_1}{m''_1} = \frac{m'_2}{m''_2} = \cdots = C_m = C_\gamma C_l^3 \tag{6-5}$$

（5）外力相似

其主要指加载值与原型顶板受力相似：

$$C_F = C_\gamma \cdot C_l^3 \tag{6-6}$$

（6）初始条件及边界条件相似

对于初始条件，模型试验同现场一样受重力场作用，再对模型施加等效表面力，可认为相似。但在模型两侧边界，由于收缩开裂，难以保证其与现场条件相似。通过对观测数据的误差分析可修正其影响，而对于离边界较远的覆岩破坏，其影响可以忽略不计。

6.1.2 生产地质条件

模拟巷道为王庄煤矿 5218 工作面回风巷。巷道埋深约 320 m，一侧为 5212 工作面采空区，两者之间的净煤柱宽 5 m，另一侧为实体煤。所掘煤层为沁水煤田 3# 煤层，赋存于二叠系山西组中下部地层中，为陆相湖泊型沉积，煤层厚度稳定，平均厚度 7.44 m 左右，沿煤层底板掘进。从目前资料分析，工作面总体上为一向西倾斜的单斜构造，煤层倾角为 2°～6°。全煤含夹矸 5 层，总厚度 0.56 m；直接顶为泥岩,厚度平均 7.47 m;基本顶为细砂岩,厚度平均 5.2 m;直接底为 4.23 m 厚的泥岩;基本底为 6.66 m 厚的中砂岩。

6.1.3 相似模拟试验设计

(1) 模型试验台

模型试验台采用中国矿业大学自主设计的长×高×宽＝1.0 m×1.0 m× 0.2 m 的真三轴巷道平面模型试验台,如图 6-1 所示。

1—液压加载控制系统;2—模型台架。

图 6-1 真三轴巷道平面模型试验台

(2) 相似模型参数

本次试验模拟自煤层底板到煤层再到顶板总厚 30 m 的 5 个岩层,煤层厚为 7.44 m。模拟巷道断面形状为矩形,其宽 4.5 m,高 3.2 m,断面面积为 14.4 m²。取模型几何相似比 $C_l = y_m/y_p = z_m/z_p = 1/30$,重力密度相似系数 $C_\gamma = \gamma_{mi}/\gamma_{pi} = 0.6$,模型参数设置见表 6-1。

表 6-1 模型参数设置

模型参数	数值
模型比例尺	1/30
模型长度/m	1.0
模型宽度/m	0.2
模型高度/m	1.0
时间系数	$1/\sqrt{30}$
重力密度相似系数	0.6
力学相似系数	1/50

模拟地层的取舍原则为：

① 模型的分层铺设厚度为 1 cm，对于模拟的地层，厚度小于 0.3 m 时应综合取舍；

② 岩性接近的地层综合，取加权平均的岩性参数；

③ 对岩层(坚硬、软弱岩层)界面应严格确定。

(3) 相似材料配比的确定

① 相似材料的选取

在选取相似材料时，基于以下原则[202]：

a. 模型与原型相应部分材料的主要物理力学性能相似；

b. 相似材料力学指标稳定，不因大气温度、湿度变化而影响其力学性能；

c. 改变配比后，能使其力学指标大幅度变化，以便选择使用；

d. 制作方便，凝固时间短，便于铺设。

根据以上原则及经验，本次模型试验选择的相似材料如下所述。

a. 骨料：普通河砂(粒径小于 3 mm)；

b. 胶结材料：石膏、石灰；

c. 分层材料：云母粉。

② 相似材料的配比试验[203]

配比试验是相似材料模拟试验的基础工作。因为来源不同的原料，其性质有所差异。试验前先将填料和胶结物按一定的配比称量好，混合在一起，搅拌均匀。然后按总料重的比例或按主胶结物依一定的比例，加入一定量的溶有缓凝剂的水，搅拌均匀制成相似材料试件。等试件晾干后(干燥 3 d、7 d、10 d)，测定其力学性质。反复试验，调整材料组成的比例，以达到力学相似的要求。

(4) 模型分层方案

本次试验模拟岩层总厚度为 30 m，巷道左帮沿采空区留设 5 m 小煤柱。具体分层方案见表 6-2。

表 6-2　模型分层方案

岩层名称	总厚度/cm	分层厚度/cm	层数	分层编号
细砂岩	9.8	4.90	2	(24)～(25)
泥岩	24.9	4.12	3	(21)～(23)
		4.18	3	(18)～(20)

表 6-2(续)

岩层名称	总厚度/cm	分层厚度/cm	层数	分层编号
3#煤	24.8	3.53	4	(14)～(17)
		0.83	1	(13)
		2.33	4	(9)～(12)
		0.53	1	(8)
泥岩	14.1	4.70	3	(5)～(7)
中砂岩	26.4	6.60	4	(1)～(4)
总计	100.0		25	

(5) 模型巷道支护方法及材料

本次试验主要研究三维锚索对巷道围岩变形的控制作用,因此,对于巷道支护方式的模拟是本次试验的重点。在本次试验模型中,锚杆用 ϕ1.9 mm 的保险丝来制作,用长×宽×高＝10 mm×10 mm×0.5 mm 的薄铁片来模拟锚杆托盘,并对锚杆端头托盘处添加预紧压簧来模拟锚杆预紧力。由于本次试验中锚杆采用预先埋设的方法,因此可以在锚固端连接一小铁片埋入材料中来代替锚固剂的锚固效果,如图 6-2 所示。

图 6-2　模拟锚杆示意图

三维锚索用 ϕ0.5 mm 的钢丝 4 股拧结而成,三维锚索护孔碗锁用塑料材质模拟,相邻三维锚索钢绞线两两连接部分用拉簧来模拟,并施加一定的预紧力。试验中顶锚杆长度为 80 mm(图 6-3),帮锚杆长度为 66.7 mm,锚杆排距为 26.67 mm,锚索长度为 266.7 mm(图 6-4)。根据相似理论及本次试验的设计,模型中选取帮锚杆预紧力为 1.33 N,对应原型帮锚杆预紧力为 60 kN;模型顶锚杆预紧力为 1.78 N,对应原型顶锚杆预紧力为 80 kN;模型锚索钢绞线预紧力为 1.33 N,对应原型锚索钢绞线预紧力为 60 kN。

本次试验在模拟锚杆支护方式上进行了改进,即在托盘后添加了预紧弹簧,可以更真实有效地模拟实际工况中锚杆的支护形式。模型锚杆预紧力的施加可以反映锚杆的主动支护效果,更加符合实际的工程情况,避免了无预紧力锚杆支护情况下,由于模型变形小而产生的锚空失效的缺点。试验时沿空巷道顶板三

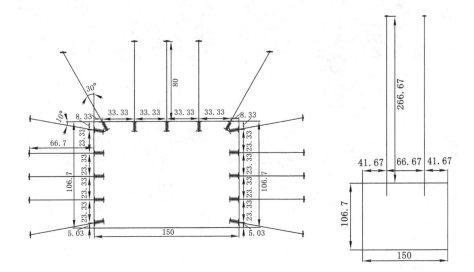

图 6-3 巷道断面锚杆布置图   图 6-4 巷道断面三维锚索布置图

维锚索和锚杆(索)打设及其连接示意图如图 6-5 所示,沿空巷道三维锚索试验
支护效果图如图 6-6 所示。

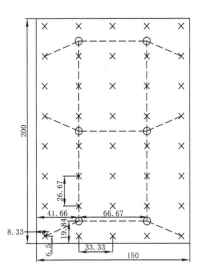

×—锚杆;○—三维锚索。

图 6-5 巷道顶板锚杆、三维锚索打设及其连接示意图(单位:mm)

图 6-6　沿空巷道三维锚索试验支护效果图

6.1.4　测试方法及测点布置

试验过程中岩层内位移及应力测点布置如图 6-7 所示。

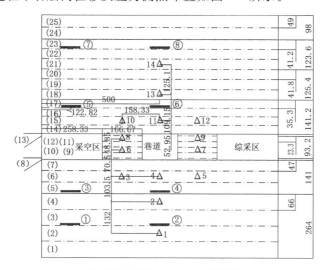

△—压力传感器；　　——一位移测点；

①～⑧—测点编号；1～14—压力传感器编号。

图 6-7　测点布置图

（1）沿空巷道围岩应力测量

在煤层底板、两帮煤柱和巷道顶板共布置 14 个压力盒,测量在加载过程中巷道围岩的应力,其中煤层底板布置 5 个应力测点,其压力传感器编号为 1~5;两帮煤柱内各布置 2 个应力测点,左煤柱压力传感器编号为 6、8,右煤柱压力传感器编号为 7、9;巷道顶板布置 5 个应力测点,其压力传感器编号为 10~14,具体布置位置如图 6-7 所示。

（2）沿空巷道围岩位移测量

① 巷道围岩位移测量

在巷道内布置 4 个位移传感器,用来测量巷道顶、底板及两帮的变形量,对巷道变形进行实时记录,如图 6-8 所示。

图 6-8　巷道顶、底板位移测量

② 岩层位移测量

在铺设模型的过程中,按照试验设计方案预先在模型内埋设铁片,通过钢丝绳将铁片与模型顶部安设的位移传感器相连。为防止钢丝绳割裂模型,在钢丝绳外套入硬度适中的细长橡胶管并注入润滑油,保证钢丝绳在试验中能自由移动。利用这种方法测量模型在加载过程中沿空巷道围岩内部的位移情况,如图 6-9 所示。

试验中使用 TS3890 型程控静态电阻应变仪对上述压力和位移测点进行采集记录。

（3）覆岩结构变形及裂隙发育观测

通过对裂隙的拍照和裂隙各个特征点的坐标测量,对裂隙的发育情况进行了描述。

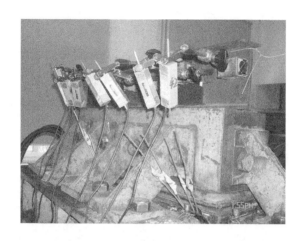

图 6-9　岩层内部位移观测

6.1.5　模型加载与试验过程

由于采用平面模型,工作面回采期间采动影响通过在模型上部边界施加采动支撑压力来实现。本次试验使用的加载装置可对模型进行三向加载,且各向同时加载互不影响,最大围压可达 10 MPa。试验过程中采用分级加载方式,以便分析研究巷道围岩变形破坏的全过程。由于采用三向加载方式,为了避免加载过程给巷道开挖带来的麻烦,在加载之前要完成巷道的开挖与支护。

试验初期,先将三向加载压力调为 0.2 MPa,保持恒定,采集初始数据,然后再对模型进行逐步加载,加载压力级差为 0.1 MPa。测试过程中始终保持前后(x 方向)、左右(y 方向)和上下方向(z 方向)压力之比为 2∶1∶1[203-204],直至前后方向压力达到 1.0 MPa。之后调整加载方式,此后保持前后方向压力不变,将左右和上下方向压力同步逐级加载至 1.0 MPa。然后保持上下和前后方向压力不变(1.0 MPa),先将左右方向压力逐级加载至 1.4 MPa,再将上下方向压力逐级加载至 1.4 MPa,这一过程中要始终保持 2 个方向压力不变,只改变第 3 个方向的载荷。试验过程中,每次调整压力值后,需保持该压力值 10 min,然后进行数据采集,在此期间,需要对各方向压力进行补载,以满足测试要求。试验完成后将采集系统设置为 5 min 定时采集模式,研究 20 h 内巷道围岩变形随时间变化的关系。

6.2 三维锚索支护围岩应力分布特征

6.2.1 巷道底板围岩应力变化特征分析

$2^\#$ 压力测点应力随 3 个方向载荷的变化关系曲线如图 6-10 所示。$2^\#$ 压力盒随 x 方向载荷变化的曲线[图 6-10(a)]显现的数据特征为：在加载初期(应力小于 0.5 MPa)，压应力随 P_x 增大呈现非线性缓慢增加，0.5 MPa 后表现为线性的增长关系，在 0.9 MPa 后出现了卸载现象；随 y 方向载荷变化的曲线[图 6-10(b)]显现的数据特征为：在加载初期(应力小于 0.4 MPa)，压应力值随 P_y 增大呈现线性增加趋势，0.4 MPa 后出现卸载现象，0.6 MPa 后又缓慢增加；随 z 方向载荷变化的曲线[图 6-10(c)]显现的数据特征为：在加载初期(垂直应力小于 0.4 MPa)，压应力值随 P_z 增大呈现线性增加趋势，0.4 MPa 后压应力值出现卸载现象，0.8 MPa 后又缓慢增加。由数据曲线可以看出，x 方向载荷对底板应力的影响要略微滞后于其他两个方向。

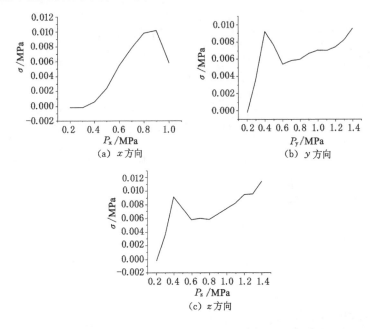

图 6-10 $2^\#$ 压力测点应力随 3 个方向载荷的变化关系曲线

$4^\#$ 压力测点应力随 3 个方向载荷的变化关系曲线如图 6-11 所示。$4^\#$ 压力盒随 z 方向载荷变化的曲线[图 6-11(c)]显现的数据特征为：在加载初始阶段 0.2～

0.3 MPa 出现卸载现象,在 0.3~0.4 MPa 压力值回升,且在载荷小于 0.4 MPa 时,压力盒应力值均小于初始应力,0.5 MPa 后应力值显著增大,在 0.6 MPa 达到稳定值,之后在小范围内波动;随 x 方向载荷变化的曲线[图 6-11(a)]显现的数据特征为:在 P_x 小于 0.7 MPa 的阶段,压力盒数值均小于初始应力值且上下波动,0.7 MPa 后压力值增大,但数值很小;随 y 方向载荷变化的曲线[图 6-11(b)]显现的数据特征与 z 方向相似。

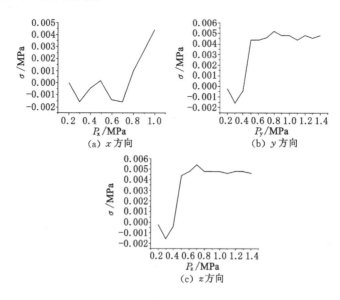

图 6-11 $4^{\#}$ 压力测点应力随 3 个方向载荷的变化关系曲线

由 $2^{\#}$ 和 $4^{\#}$ 压力盒的曲线特征可以看出:① 底板深部岩体在外部加载初期岩体内部先出现明显的加载阶段然后出现卸载现象,说明其底鼓影响滞后于浅部岩体;② 在底板浅层岩体加载初期就出现了卸载现象,且在整个测试过程中其数值的绝对值都相对很小,可以看作是在 0 附近波动,这种结果由底鼓现象引起,与试验观测结果一致;③ 由于在底板深部,岩层在结构上产生向上翘曲现象,对上覆岩体产生挤压应力,导致 $2^{\#}$ 测点的压应力在垂直应力大于 0.4 MPa 时有显著增大趋势。

6.2.2 巷道顶板围岩应力变化特征分析

$11^{\#}$ 压力测点应力随 3 个方向载荷的变化关系曲线如图 6-12 所示。$11^{\#}$ 压力盒应力值随 x 方向载荷变化的曲线[图 6-12(a)]显现的数据特征为:随 P_x 增大应力值呈非线性增大趋势;随 y 方向载荷变化的曲线[图 6-12(b)]显现的数据特征为:在加载初期(载荷 P_y 小于 0.5 MPa),应力值呈线性增大趋势,迅速达到稳定值,在 P_y 大于 0.5 MPa 后,压力盒应力值在稳定值附近波动;随 z 方向载荷变化的曲线[图 6-12(c)]显现的数据特征为:在加载初期(载荷 P_z 小于 0.5 MPa),应力值呈线性增大趋势,迅速达到稳定值,在 P_z 大于 0.5 MPa 后,压力盒应力值在稳定值附近上下波动。

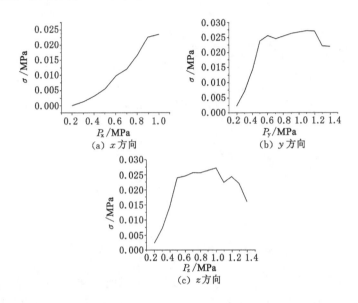

图 6-12 11$^\#$ 压力测点应力随 3 个方向载荷的变化关系曲线

由 11$^\#$ 压力盒的曲线特征可以看出:① 顶板在锚杆支护范围内,形成较稳定的组合梁结构,与起悬吊作用的三维锚索有机结合,能够较快形成整体性较好的超静定支护结构;② 在加载初期,顶板具有稳定的应力增加趋势,表明本次试验对锚杆锚索施加一定的预紧力,能够较好地反映实际支护效果;③ 加载后期压力盒应力数值趋于稳定,表明锚杆锚索具有一定的储备支护强度。

6.2.3 巷道两帮围岩应力变化特征分析

6$^\#$ 压力测点应力随 3 个方向载荷的变化关系曲线如图 6-13 所示。6$^\#$ 压力盒随 x 方向载荷变化的曲线[图 6-13(a)]显现的数据特征为:在载荷 P_x 小于 0.9 MPa 时,应力值随 P_x 增大而呈线性增大趋势,之后趋于稳定;随 y 方向载荷变化的曲线[图 6-13(b)]显现的数据特征为:在加载初期(P_y 小于 0.5 MPa),压力值呈线性增大趋势,之后应力值保持稳定并略有回落;随 z 方向载荷变化的曲线[图 6-13(c)]显现的数据特征为:在加载初期(P_z 小于 0.5 MPa),压力值呈线性增大趋势,在 P_z 为 0.5 MPa 时,应力增大至 0.375 MPa,在 P_z 大于 0.5 MPa 后,应力值趋于稳定。

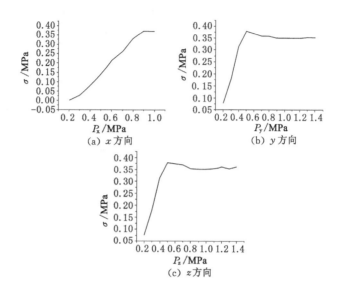

(a) x 方向

(b) y 方向

(c) z 方向

图 6-13　6#压力测点应力随 3 个方向载荷的变化关系曲线

7#压力测点应力随 3 个方向载荷的变化关系曲线如图 6-14 所示。7#压力盒随 x 方向载荷变化的曲线[图 6-14(a)]显现的数据特征为:应力值随 P_x 增大而增大,二者为非线性关系;随 y 方向载荷变化的曲线[图 6-14(b)]显现的数据特征为:在载荷 P_y 小于 0.8 MPa 时,应力值随 P_y 的增大呈非线性增大趋势,0.8 MPa 后趋于稳定并略有增大;随 z 方向载荷变化的曲线[图 6-14(c)]显现的数据特征为:在垂直载荷 P_z 小于 0.8 MPa 时,应力值随 P_z 的增大呈非线性增大趋势,0.8 MPa 后应力值趋于稳定并略有增大,最大值为 0.992 MPa。

由 6# 和 7# 压力盒的曲线特征可以看出:① 左侧沿空小煤柱帮压力值为 0.5 MPa 时达到稳定,右帮在压力值为 0.8 MPa 时达到稳定,这是由于左帮对应的最大应力值较小,可以较早达到稳定状态;② 右帮最大压力值为左帮的 2.75 倍,其原因在于左帮小煤柱沿采空区布置,在试验时为更好地模拟实际情况,先加载使采空区上覆岩层发生一定的变形,再模拟工作面回采引起的动压影响,这导致采空区上覆岩层发生大范围的离层、破断和垮落,传递到左帮小煤柱的垂直方向应力较小,有利于维持小煤柱的稳定。

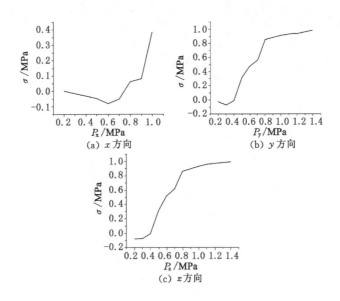

图 6-14 7$^\#$压力测点应力随 3 个方向载荷的变化关系曲线

6.2.4 煤柱上方围岩应力变化特征分析

10$^\#$压力测点应力随 3 个方向载荷的变化关系曲线如图 6-15 所示。10$^\#$压力盒随 x 方向载荷变化的曲线[图 6-15(a)]显现的数据特征为:当 P_x 小于 0.7 MPa 时,压应力随 P_x 增大而略有增加,0.7 MPa 后出现卸载现象,在 0.8 MPa 后压力值呈增大趋势;随 y 方向载荷变化的曲线[图 6-15(b)]显现的数据特征为:在 P_y 为 0.2 MPa 时,压力值大于初始值,随后出现卸载现象,在加载初期(左右方向侧压小于 0.5 MPa),压力值随 P_y 增大呈减小趋势,0.5 MPa 后,压力值随 P_y 增大而增大,在 1.0 MPa 后趋于稳定;随 z 方向载荷变化的曲线[图 6-15(c)]显现的数据特征为:在 P_z 为 0.2 MPa 时,压力值大于初始值,随后出现卸载现象,在加载初期(P_z 小于 0.5 MPa),压力值随 P_z 增大呈减小趋势,P_z 大于 0.5 MPa 后,压力值随 P_z 增大而增大,然后在 P_z 大于 0.9 MPa 后趋于稳定。

由 10$^\#$压力盒数据曲线可以看出,应力在随垂直方向载荷的变化过程中,在 0.2 MPa 后的卸载过程反映了采空区上覆岩层的破断和垮落,导致巷道与采空区之间的小煤柱局部上覆岩体向采空区一侧回转,岩体受拉应力作用出现卸载现象。0.5 MPa 后出现先加载后稳定的现象,这反映了采空区垮落后的压实过程,即围岩应力重新分布,形成新的稳定承载结构。

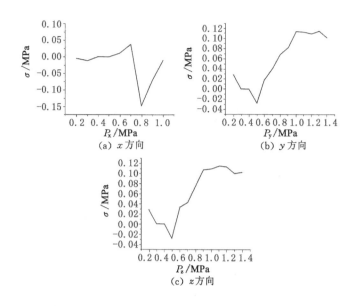

图 6-15　$10^{\#}$ 压力测点应力随 3 个方向载荷的变化关系曲线

6.3　三维锚索支护围岩变形特征

6.3.1　试验巷道及采空区变形特征

试验前后巷道、采空区及二者之间小煤柱的对比情况如图 6-16 所示。这些图直观地反映了三维锚索支护在控制围岩变形方面的效果。对比试验前后三维锚索支护巷道[图 6-16(c)、(d)]可以看出,靠近采空区侧小煤柱帮有较明显的变形,如图 6-16(h)所示;巷道顶板整体有些下沉但并未出现大的变形,底鼓现象较为明显,说明三维锚索支护对顶板变形的控制作用较好;采空区上覆岩层发生断裂、回转和垮落,形成如图 6-16(f)所示的结构;综采区上覆岩层也出现大范围的垮落,巷道和综采区上方出现多条裂隙,形成如图 6-16(b)所示的结构。

6.3.2　巷道顶、底板变形规律分析

模型中巷道顶、底板变形量随 y、z 方向载荷的变化规律分别如图 6-17、图 6-18 所示。由图 6-18(a)可以看出,在对模型加载的初期,三维锚索支护沿空巷道顶板变形量随 z 方向载荷增加而增大,在垂直载荷达到 0.6 MPa 后,巷道变形基本稳定,顶板下沉量随垂直载荷增大的变化趋势并不明显,垂直压力从

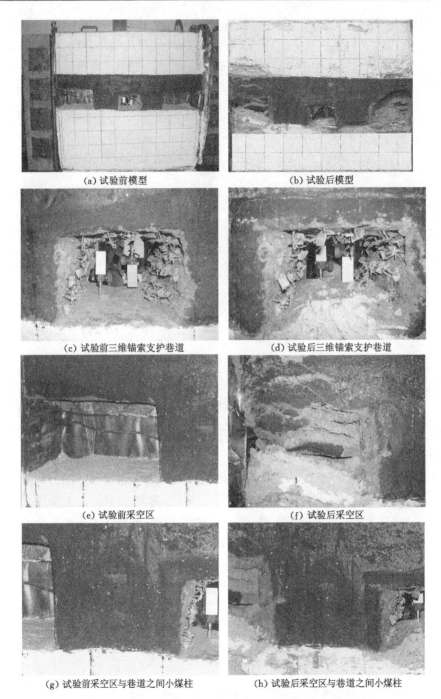

(a) 试验前模型　　　　　　　　　　(b) 试验后模型

(c) 试验前三维锚索支护巷道　　　　(d) 试验后三维锚索支护巷道

(e) 试验前采空区　　　　　　　　　(f) 试验后采空区

(g) 试验前采空区与巷道之间小煤柱　(h) 试验后采空区与巷道之间小煤柱

图 6-16　试验前后巷道、采空区及二者之间小煤柱的对比情况

0.6 MPa 增大到 1.4 MPa 过程中,顶板下沉量仅增加了 0.72 mm,说明该阶段锚杆与三维锚索的联合支护起到了有效控制顶板变形的作用,具有较好的支护效果。图 6-17(a)所示的巷道顶板变形量随 y 方向载荷的变化规律与垂直载荷反映的规律相似。在 z 方向加载过程中,沿空巷道顶板最大下沉量为 5.38 mm。

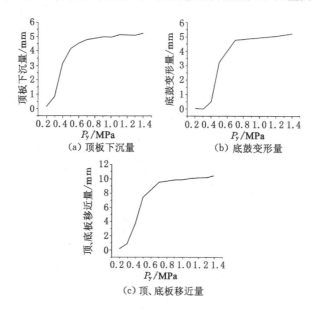

(a) 顶板下沉量   (b) 底鼓变形量

(c) 顶、底板移近量

图 6-17　模型中巷道顶、底板变形量随 y 方向载荷的变化关系曲线

　　图 6-18(b)反映了在对模型加载的初期(P_y 小于 0.4 MPa),巷道底鼓变形量随垂直载荷的增加而增大,但位移量很小。这是由于围岩垂直应力和水平应力都较小,只是引起底板上小范围内的应力变化,未造成明显的底鼓变形。当 0.4 MPa$<P_y<$0.6 MPa 时,巷道底鼓变形量明显增大,这主要是由于随着垂直载荷的增大,底板产生向巷道内部的翘曲变形,导致底鼓变形量显著增大。当 $P_y>$0.6 MPa 后,底鼓变形量趋于稳定,这是由于底板产生向上翘曲,变形过大,从而导致底板表面岩层受拉破坏,深部岩层位移未能够向上传递。这与图 6-17(b)反映出的规律相似。由图 6-18(c)可以看出,模型中沿空巷道顶、底板最大移近量达到10.62 mm。

6.3.3　巷道两帮变形规律分析

　　模型中巷道两帮变形量随 y、z 方向载荷的变化规律如图 6-19、图 6-20 所示。由图 6-20(a)、(b)可以看出,在整个加载过程中,巷道两帮的变形量随垂直

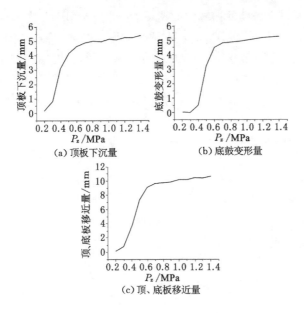

（a）顶板下沉量　　　　（b）底鼓变形量

（c）顶、底板移近量

图 6-18　模型中巷道顶、底板变形量随 z 方向载荷的变化关系曲线

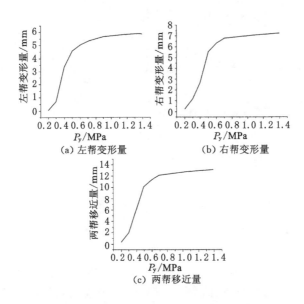

（a）左帮变形量　　　　（b）右帮变形量

（c）两帮移近量

图 6-19　模型中巷道两帮变形量随 y 方向载荷的变化关系曲线

载荷的增加而增大。在模型加载的初期（P_z 小于 0.6 MPa），左右两帮的变形量变化较为明显。P_z 为 0.6 MPa 时左右两帮变形量基本达到稳定的状态。在 P_z 为 0.6～1.4 MPa 的加载过程中，变形量变化并不明显，左右两帮的变形量分别只有 0.760 mm 和 0.640 mm。图 6-19(a)、(b)所反映的两帮变形量随 y 方向水平侧压的变化规律与垂直载荷反映的规律相似。在整个加载过程中，左右两帮的变形量分别为 5.984 mm 和 7.288 mm。由图 6-20(c)可以得到，在垂直加载过程中两帮最大移近量为 13.272 mm，大于巷道顶、底板移近量。

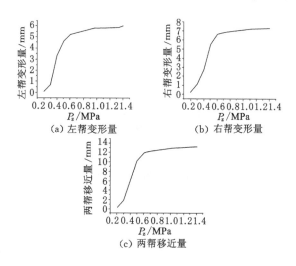

图 6-20　模型中巷道两帮变形量随 z 方向载荷的变化关系曲线

6.3.4　覆岩结构变形及裂隙发育观测

试验结束后模型中沿空巷道围岩结构变形及裂隙发育情况如图 6-21 所示。由图 6-21 可以看出，采空区顶板发生断裂垮落，导致采空区上覆岩层沉陷，在此过程中左侧小煤柱上覆岩体产生逆时针方向回转，使岩层受拉，在小煤柱侧产生一条贯穿至模型上部岩层的主要裂隙，减小了沿空巷道小煤柱侧承载上覆岩层的荷载，有利于小煤柱的稳定，如图 6-21(b)所示；在综采区上方岩层内同样产生一条裂隙，其沿与水平线成 60°角方向向综采区上覆岩层内不断延伸。三维锚索支护沿空巷道顶板整体呈下沉趋势，而底板因无任何有效支护变形严重。这是由于三维锚索支护可以在顶板岩体内形成整体性较好的超静定支护结构，该结构与锚杆群共同发挥作用，使得巷道的整体变形处于一种稳定的状态。

(a) 试验后模型变形图

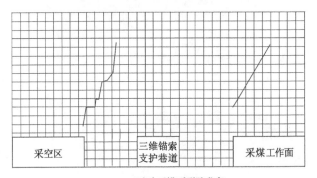

(b) 试验后模型裂隙发育

图 6-21　覆岩结构变形及裂隙发育情况

6.4　本章小结

（1）三维锚索支护可在顶板岩体内形成整体性较好的超静定支护结构，该结构与锚杆群共同发挥作用，使得巷道的整体变形处于一种稳定状态。对锚杆锚索施加一定的预紧力，能够较好地反映实际支护效果。三维锚索支护在控制巷道围岩变形上具有整体性、均匀性和长期有效性的特征。

（2）三维锚索支护沿空巷道顶板变形量随垂直载荷增大而增大，当垂直载荷达到一定数值后，巷道变形量基本稳定，顶板下沉量随垂直载荷增大的变化趋势并不明显。这说明三维锚索支护能够有效地控制顶板变形，具有较好的支护效果。

（3）沿空巷道三维锚索支护相似试验结果为：巷道两帮最大移近量为13.272 mm，对应原型中两帮移近量为 398.16 mm；顶、底板最大移近量达到10.62 mm，对应原型中顶、底板移近量为 318.6 mm。两帮变形量大于顶、底板移近量，这一结果与三维锚索支护下沿空巷道围岩变形数值计算结果基本一致。

7 沿空巷道三维锚索支护实践

在围岩力学特性试验、三维支护理论分析及沿空巷道围岩应力分布规律和运移特征研究的基础上,结合王庄煤矿 52 采区的采矿地质条件,设计了具有强初锚力、刚柔结合,"一支一卸",使围岩处于三向受压状态、提高围岩整体性特征的新型三维锚索支护方案,并在王庄煤矿 5218 综放工作面回风巷进行了工程实践。通过普通锚网索支护与新型三维锚索支护巷道围岩变形控制效果对比分析,研究了新型三维锚索支护沿空巷道的变形特征,验证了新型三维锚索支护技术的有效性。

7.1 采矿地质条件

潞安矿区沿空巷道三维锚索支护机理及应用研究试验地点在王庄煤矿 5218 综放工作面回风巷。巷道为矩形断面,断面尺寸(宽×高)为 4.5 m× 3.2 m,沿煤层底板掘进。该工作面位于 52 盘区,南邻 5212 工作面采空区,北为王庄煤矿井田边界,东临 52 采区专用回风巷、52 采区北轨道运输巷和 52 采区北带式输送机巷,埋深约 320 m。该工作面所采的 3# 煤赋存于二叠系山西组中下部地层中,煤层厚度稳定,为 7.44 m。工作面总体上为一向西倾斜的单斜构造,煤层倾角在 2°～6°。全煤含夹矸 5 层,总厚度 0.56 m;直接顶为泥岩,厚度平均 7.47 m;基本顶为细砂岩,厚度平均 5.2 m;直接底为 4.23 m 厚的泥岩;基本底为 6.66 m 厚的中砂岩。

为了实现高效集约化生产,在 5212 综放工作面回采结束后、采空区顶板运动稳定之前,亟须准备 5218 综放工作面,即沿 5212 综放工作面采空区掘进 5218 工作面回风巷,护巷煤柱厚度为 5 m。5212 综放工作面采动应力与巷道掘进引起的应力相互叠加,造成 5218 工作面回风巷围岩应力分布极其复杂,使得试验巷道小煤柱帮进入塑性状态;在叠加应力的作用下,巷道内锚杆、锚索被拉断现象频繁发生,围岩变形剧烈,多处断面无法满足回采和安全需要,维护困难。

7.2 三维锚索支护设计

5218 工作面回风巷初步设计的支护方式为普通锚网索支护,但在掘进过程中发现巷道压力大,围岩变形严重,锚杆索支护失效率偏高。故在巷道掘进一定距离后,采用新型三维锚索支护技术。两种支护方式的具体情况如下所述。

(1) 普通锚网索支护

顶板支护:采用 5 根 $\phi22$ mm×2 400 mm 的高强度螺纹钢锚杆支护,锚杆间排距为 1 000 mm×800 mm,同时每隔 1.6 m 布置两根 $\phi17.8$ mm 的大孔径预应力锚索加强支护,锚索间距为 2.0 m,并铺设金属网和双筋双梁钢筋梯子梁加强支护。

两帮支护:煤柱帮采用 5 根 $\phi22$ mm×2 000 mm 的高强度螺纹钢锚杆支护,锚杆间排距为 700 mm×800 mm;实体煤帮采用 4 根 $\phi22$ mm×2 000 mm 的高强度螺纹钢锚杆支护,锚杆间排距为 900 mm×800 mm,并铺设金属网和双筋双梁钢筋梯子梁加强支护。

(2) 三维锚索支护

根据高应力区动压沿空巷道的变形特征和围岩控制原理,设计的三维锚索锚杆巷道支护方案如下所述。

顶板支护:顶部每排采用 5 根 $\phi22$ mm×2 400 mm 的左旋螺纹钢高强度锚杆,间排距为 1 000 mm×800 mm。锚固剂:CK2335 型和 Z2360 型树脂药卷各 1 卷,超快在孔底。顶角锚杆距帮 250 mm,顶角锚杆向两帮倾斜 30°角打设。

顶板锚索:① 采用三维锚索,每排布置 2 根 $\phi17.8$ mm 的大孔径预应力锚索,间排距为 2.0 m×2.4 m,锚索孔深度为 8.0 m,锚索长度为 9.4 m。每根锚索采用 1 卷(CK+Z)2360 型和 2 卷 Z2360 型树脂药卷,并配用 1 个护孔碗以及 2 块规格为 150 mm×150 mm 的胶带垫块,孔径 32 mm;② 在三维锚索基础上,每隔 2.4 m 布置 1 根 $\phi17.8$ mm 的大孔径预应力锚索,锚索孔深度为 8.0 m,锚索长度为 8.3 m。每根锚索采用 1 卷(CK+Z)2360 型和 2 卷 Z2360 型树脂药卷,孔底为(CK+Z)2360 型树脂药卷,外面为 Z2360 型树脂药卷,锚固长度 1.7 m。每根锚索采用 1 块 400 mm 长的 18# 槽钢,1 块规格为 100 mm×100 mm×8 mm 的钢板,1 套锁具。

两帮支护:小煤柱帮(5212 工作面运巷侧)采用 $\phi22$ mm×2 000 mm 的高强度螺纹钢锚杆,每排 5 根,间距 700 mm,排距 800 mm;煤墙帮(5218 工作面瓦斯巷侧)采用 $\phi22$ mm×2 000 mm 的高强度螺纹钢锚杆,每排 4 根,间距 900 mm,排距 800 mm,树脂药卷加长锚固,每根锚杆采用 Z2335 型、Z2360 型树脂药卷各 1 卷,锚固长度 1 000 mm。两帮均铺设金属网和 $\phi14$ mm×80 mm 圆钢焊制的长 3 000 mm 的双筋双梁钢筋梯子梁,采用规格为 150 mm×150 mm 方垫片。

金属网:铺设金属网和 $\phi14$ mm×80 mm 圆钢焊制的双筋双梁钢筋梯子梁,采用规格为 150 mm×150 mm 方垫片。联网用 16# 铅丝,采用梳辫方式,双丝双扣,不小于 3 圈,孔孔相连。顶网规格:1.0 m×4.5 m 小格型金属经纬网。帮网规格:1.0 m×3.0 m 小格型金属经纬网。

钢筋梁与木托板:钢筋梁用 ϕ14 mm 的圆钢焊接而成,顶部梁长 4 500 mm,两帮梁长 3 200 mm。木托板规格为 300 mm×200 mm×50 mm(长×宽×厚)。

巷道三维锚索支护方案如图 7-1 所示。

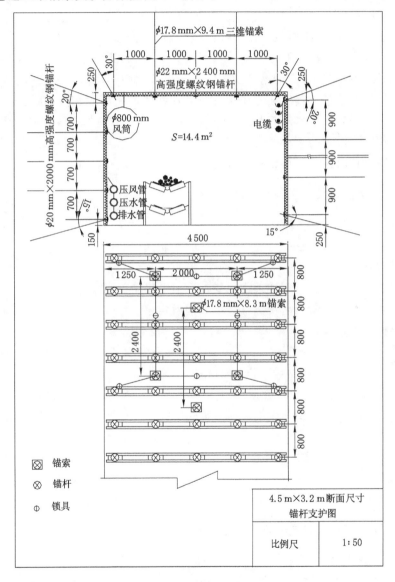

图 7-1 三维锚索锚杆支护方案

7.3 新型三维支护方案的实施

三维锚索支护技术实施总体过程为：巷道或硐室掘进后，往所有与锚索钢绞线相连的锚杆上安装边锁具，在临时支护的保护下，首先打设、安装顶中锚杆，其次打设顶角锚杆，再次打设帮部锚杆，最后沿垂直表面方向打锚索孔，装入锚固剂，搅拌锚固锚索，把护孔锁碗套入锚固锚索，在锚索孔内距孔口一定距离处开始将锚索拆散，将拆散后的钢绞线两股为一组分别朝不同方向紧贴煤岩体表面通过边锁具与锚杆相连或通过中锁具与其他锚索的钢绞线相连，在钢绞线上紧贴煤岩体表面安设变形块，用专用张拉装置同时对各方向的钢绞线进行预紧，达到设定预紧力后将锚索中间直钢绞线距孔口 10 cm 处剪断；滞后掘进头 15 m 左右根据现场情况按单排或三花或五花布置方式打一定孔径和深度的卸压孔。

7.3.1 掘进施工技术及组织管理

巷道断面设计：考虑到采用新型锚杆支护后仍有一定的顶、底板及水平变形量，因此在原设计断面的基础上，新设计的断面预留了一定变形量。

巷道施工主要工序为：准备→割煤、进料、出煤→敲帮问顶→临时支护→铺网→打顶中部锚杆眼→安装顶中部锚杆→由中间向两侧及两帮安装锚杆→安装三维锚索→三维锚索与两帮锚杆及后方锚索相连。

支护质量管理：

① 矿、工区成立专门领导小组，负责对地质情况、试验情况、顶板管理情况和施工质量及时分析，发现问题及时解决。

② 施工前组织管理人员、施工人员学习锚索、锚梁网支护的原理、方法、步骤、关键工序等知识，使每个施工人员都能熟练掌握锚网施工特别是三维锚索施工的操作要领。

③ 施工质量严格符合设计要求，课题组配合安检处、掘进组把好质量关。

④ 日常监控主要是监控初始尺寸、锚杆锚索锚固力、失效锚杆锚索根数、深部位移参数及巷道矿压显现的宏观现象。

7.3.2 试验巷道掘进支护施工工艺

（1）临时支护

① 在煤层硬度较大、整体性较好、顶煤较稳定时，采用 2 根 3.5 m 长的直径为 3 in(1 in＝2.54 cm)的钢管作前探梁，用专用的统一规格的 4 个前探梁卡固定于永久支护的锚杆上，用 1 块规格为 2 000 mm×150 mm×50 mm 的优质松

木木板进行临时护顶,用大木楔(规格为 500 mm×200 mm×150 mm)绞顶。

② 当煤层整体性较差、顶煤不稳定时,打锚杆眼前的临时支护采用带帽单体柱支护。单体柱托在钢筋梁下面。

架设方法(具体按作业规程要求执行):

a. 断面切割成型后,将掘进机停电并闭锁其隔离开关。

b. 人员站在掘进机上前移前探梁卡,将前探梁卡扭接到永久支护的两根锚杆上。

c. 将掘进机退出工作面往外 5 m,停电并闭锁其隔离开关。

d. 由班组长用专用敲帮问顶工具,由外向里进行敲帮问顶,找掉帮顶活煤矸,确认无问题后,方可进行临时支护。

e. 在最后一排永久支护下搭设工作台。架板搭设在梯子上,外露部分不少于 300 mm。

f. 将临时支护网片一边与永久支护网局部联网,左、中、右各联一处,每处 3 扣以上,前面两人将临时支护网用钢筋梯子梁推起,后面两人用钢筋梯子梁顶住前探梁,将前探梁窜入空顶区,工作台上的人员将绞顶木板、梯子梁放到前探梁上,将手臂伸入空顶区,用大木楔绞实顶板,然后将临时支护网与永久支护网孔孔相连。

g. 如顶板高低不平、前探梁无法前窜时,可用 30D 煤溜大链将前探梁吊于前探梁卡上并绞死,防止前窜或后窜,大链必须用马蹄环、螺丝满丝满口封口。

(2) 护帮装置结构及操作程序

① 护帮装置结构

构件一:使用长 700 mm、直径为 2.5 in 的钢管,在一端焊接厚度为 8 mm 的钢板,用于连接构件二。

构件二:使用长 1.5 m、直径为 1 in 的钢管,分别在距端头 300 mm、1 400 mm 处用 ϕ10 mm 的圆钢焊制挂钩,距端头 40 mm 处打一 ϕ16 mm 的连接孔。

构件三:使用直径为 1 in 的钢管焊制边框,将规格为 3.0 m×1.5 m 菱形网片焊接在边框中,边框中部焊制两根钢管加固,间距 1.0 m。

② 操作程序

a. 断面切割成型后,将掘进机停电并闭锁其隔离开关。

b. 人员站在掘进机上前移前探梁卡,将前探梁卡扭接到永久支护居中的两根锚杆上。

c. 掘进机退机至规定位置,同时对各操作手柄进行复位,停电并闭锁其隔离开关。

d. 由班组长用专用敲帮问顶工具,由外向里进行敲帮问顶,找掉帮顶活煤矸,确认无问题后,方可进行临时支护。

e. 在最后一排永久支护下搭设工作台,架板搭设在梯子两侧,外露部分不少于 300 mm。

f. 将临时支护网片一边与永久支护网局部联网,左、中、右各联一处,每处 3 扣以上。工作台上的人员将绞顶大板放到前探梁上。此时,将护帮装置中构件一直径为 2.5 in 的钢管插入前探梁中,并与构件二用 $\phi16$ mm 螺丝连接好,两人协作托起菱形网片,将菱形网片的边框横挂于构件二的挂钩上(间距根据前探梁间距自行调整)。

g. 前面两人将临时支护网用钢筋梯子梁推起,后面两人用钢筋梯子梁顶住前探梁,将前探梁窜入空顶区直至将护帮装置顶住窝头迎头煤,工作台上的人员将手臂伸入空顶区,用大木楔绞实顶板,然后将临时支护网与永久支护网孔孔相连。

h. 如顶板高低不平,前探梁无法前窜时,可用 30D 煤溜大链将前探梁吊于前探梁卡上并绞死,防止前窜或后窜,大链必须用马蹄环、螺丝满丝满口封口。

(3) 永久支护

永久支护采用三维锚索+锚杆+钢筋梯梁+金属网联合支护。

打卸压孔采用大功率地质钻,配直径为 80 mm 钻头钻孔。

① 顶板锚杆的施工工艺

其主要施工工序为:割煤→架设临时支护→先打顶中部锚杆孔、再打顶部其他锚杆孔→依次组装锚杆→放置搅拌树脂药卷并等待固化→上紧螺母。

打顶锚杆孔工艺如下所述。

标眼位:割煤后,首先采用前探梁作为临时支护;临时支护将顶背实绞牢后,搭好工作台;人工用手镐刷顶至设计尺寸,然后按设计标定锚杆孔标记,铺上网,上钢筋梯梁下用两根带帽单体支柱作为临时支护,然后按照孔眼标记先打中部锚杆孔,直到钻孔达到设计深度为止。煤层节理发育时,钻孔角度与节理面垂直或斜交。

打眼:掌钎工用左手抓住处于直立状态的锚杆钻机护绳板,右手将长 1.2 m 的钻杆插入钻机夹盘内,操作者抓紧锚杆钻机 T 型把手,然后顺时针旋转支腿控制钮,直到钻尖对准眼位,然后慢慢给马达控制板加压,当钻尖钻入顶板后,操作者用右手拇指逆时针旋转水控制阀,钻杆同时溢水冲刷清孔,钻孔到位后,下缩钻机并关水。照上述操作程序完成长 2.4 m 的钻杆打眼。顶锚杆孔深为 2 300 mm。

安装锚杆:孔眼打好后,及时安装锚杆,先把锚垫、半球垫、快速安装器套在锚杆上,再把树脂药卷依次装入钻孔并用锚杆将药卷送到孔底,并将专用搅拌器插入钻机夹盘内,然后开机边搅拌边推进,搅拌时间大约为 20～30 s,直到将锚杆送入孔底。

紧固锚杆:等待 1 min,待验收员量取中线合格后,开动钻机旋转螺母,确保锚杆的托板紧贴巷壁,预紧力应达到 150 N,然后由中线向两边重复上述步骤,完成顶板锚杆的支护。

② 帮锚杆施工工艺

帮锚杆施工主要工序为:铺帮网→打两帮上部锚杆孔→安装上部锚杆→打中下部锚杆孔→安装中下部锚杆。

帮锚杆可滞后顶锚杆 1～2 排,按要求打到眼深后应使用压风清洗钻孔,确保钻孔干净,以保证锚固力。

联网:先用洋镐敲掉两帮活煤矸,搭好工作台,铺网并将帮网与顶网及上一排帮网孔孔相连。

打眼:验收员标出眼位,一人将钻杆对准眼位,并把钻杆插入风钻内,然后放开钻杆,同时开水冲孔,另一人操作风钻将帮眼打设至规定位置,当煤层节理发育时,钻孔角度与节理面垂直或斜交。帮锚杆孔深为 1 900 mm。

安装锚杆:刨平眼口并将搅拌器、锚垫及半球垫套在锚杆上,再把树脂药卷依次装入钻孔内,安好梯子梁后用锚杆将药卷送入孔底,然后将搅拌器插入风钻内边推进边搅拌,直到将锚杆送入孔底。

紧固锚杆:卸下搅拌器,等待 1 min,锚杆必须用风动帮钻机拧紧,确保锚杆的托板紧贴巷壁,预紧力应达到 150 N,然后由上向下重复上述步骤,完成帮锚杆的支护。

③ 安装三维锚索操作工艺

三维锚索施工操作也是煤巷沿底掘进锚杆支护成功的关键部分,所以必须按照设计要求,保证施工质量。采用 MQT-120 型风动锚杆机钻装锚索。配套钻杆为 B19 型接长钻杆,钻头为直径为 28 mm 的双翼钻头。采用锚索专用张拉设备施加预紧力。

三维锚索可滞后工作面的距离为 5～10 m,最长不超过 10 m。

地面准备:首先检查钢绞线,截去松丝、锈蚀部分,按设计长度截取钢绞线,在锚固头安装毛刺和挡圈,最后盘成圈运至井下备用。

钻孔:采用 MQT-120 型风动锚杆钻机完成钻孔工作。首先搭设好工作台,钻孔时要保持钻机底部不挪动,以保证钻孔轴线平直,一人在工作台上扶钻杆,接长钻杆,一人在工作台下扶钻机,第三个人负责操作钻机,其他无关人员均应远离至钻机半径 2 m 以上范围之外,接钻杆时,任何人身体不得正对钻孔或站在钻孔下方。钻到预定孔深后下缩锚杆钻机,同时清孔。

锚固：采用树脂药卷锚固，孔底 1 卷为双速（CK＋Z）2360 型树脂锚固剂，外面 2 卷为 Z2360 型树脂锚固剂，按先后顺序用钢绞线轻轻将树脂药卷送入孔底，用搅拌器将钢绞线和钻机的位置在一条直线上，拧紧载丝，两人扶钻，保持钻机与钻孔成一直线，开动钻机，边推进边搅拌，搅拌 30 s，同时将钢绞线送入孔底，钻机停转，等待 2 min，回落钻机，卸下搅拌器，完成锚索的内锚固。

张拉：树脂药卷锚固段需养护 30 min，养护好后上托板，把护孔锁碗套入锚固锚索，在锚索孔内距孔口一定距离处开始将锚索拆散，将拆散后的钢绞线两股为一组分别朝不同方向紧贴煤岩体表面通过边锁具与两顶角锚杆相连或通过中锁具与后方锚索钢绞线、同一水平锚索钢绞线相连，同时在钢绞线上紧贴煤岩体表面安设变形块，挂上专用张拉装置同时对各方向的钢绞线进行预紧，开泵进行张拉每根钢绞线至设计预紧力 30～35 kN，达到设定预紧力后将锚索中间直钢绞线距孔口 10 cm 处剪断，并对张拉钢绞线外露部分进行必要的修剪。

张拉前，两人上至掘进机上配合安装专用张拉装置，安装好后，启动掘进机油泵至压力表读数为 5.8 MPa，停止张拉，人员全部撤至被张拉锚索下方半径 3 m 以外后，负责开泵人员方可继续张拉。若专用张拉装置行程不够，必须停止张拉，两人扶住专用张拉装置，开泵回零，按本条规定继续张拉。

张拉过程中，若发现锚索受力异常，要停止张拉，重新补打锚索。

锚索安设的间距误差不得超过设计值±150 mm。

（4）钻孔卸压施工工艺

沿煤层方向在巷道实体煤侧中间位置打一行间距为 800 mm、孔径 80 mm、孔深 6 m 的卸压孔。如果现场没有专用钻具，可暂时用煤电钻代替，即用小钻头打孔后再换大钻头扩孔。卸压孔可以滞后工作面 20 m 施工，并与掘进面平行作业。

（5）施工机具

顶锚杆施工机具：MQT-120 型风动锚杆机，钻尾六方尺寸 19：22 mm、长 1.2 m 和 2.4 m 的钻杆，ϕ28 mm 合金钢钻头、搅拌器、紧固器。

帮锚杆施工机具：MQST-50 型气动支腿煤帮锚杆钻机，钻尾六方尺寸 19：22 mm、长 2.4 m 钻杆，ϕ28 mm 合金钢钻头。

锚索施工工具：风动锚杆机、钻尾六方尺寸 19：22 mm、ϕ28 mm 合金钢钻头、专用搅拌器、专用油泵、紧固器和 8.0 m 长的接长钻杆。

卸压孔施工机具：地质钻或煤电钻（用小钻头打孔后再换大钻头扩孔）。

7.4　围岩变形规律实测研究

为了及时掌握新型三维锚索支护条件下 5218 工作面回风巷在工作面回采期间巷道的变形和破坏规律,并对比两种支护方式对沿空巷道围岩控制效果,在5218 工作面回风巷内沿回采方向每隔 20 m 布置一个巷道表面围岩移近量观测剖面。采用十字布点法安设表面位移监测断面,即在顶板中部垂直方向和两帮水平方向钻直径 28 mm、深 380 mm 的孔,将直径 29 mm、长 400 mm 的木桩打入孔中。顶板安设弯形测钉,底板和两帮木桩端部安设平头测钉,利用钢卷尺测量顶、底板与两帮测点的距离。观测频度为:距工作面 50 m 范围之内,每天观测 2 次,其他时间每天 1 次。测站布置如图 7-2 所示。

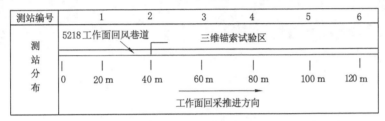

图 7-2　工作面回采期间巷道表面位移测站布置图

7.4.1　控制效果

工作面回采期间,普通锚网索支护段和三维锚索支护段巷道顶板变形情况如图 7-3 所示。

由图 7-3 可以看出:普通锚网索支护沿空巷道顶板易破碎、锚杆失效补打多,而且顶板变形量大,兜包现象严重,支护效果差;与普通锚网索支护相比,三维锚索支护技术有效地控制了沿空巷道的围岩变形,保持了顶板的完整性,很好地改善了巷道的支护环境。

7.4.2　实测结果

工作面回采期间,新型三维锚索支护沿空巷道围岩变形情况如图 7-4、图 7-5 所示。普通锚网索支护与新型三维锚索支护对沿空巷道围岩变形控制的比较情况如图 7-6 所示。由图 7-4～图 7-6 可知:

(1)回采期间,采用三维锚索支护段顶、底板移近量最大约为 0.38 m,而普通锚网索支护段顶、底板移近量约为 0.75 m,前者是后者的 50.67%;两帮相对

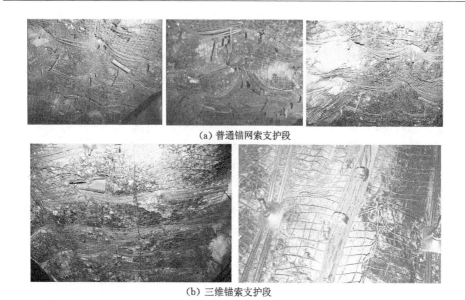

(a) 普通锚网索支护段

(b) 三维锚索支护段

图 7-3　两种支护方式下沿空巷道顶板支护效果对比

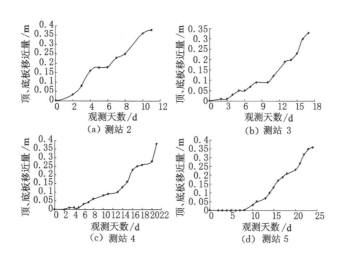

(a) 测站 2

(b) 测站 3

(c) 测站 4

(d) 测站 5

图 7-4　回采期间巷道顶、底板移近量曲线

移近量在两种支护方式下最大值分别为 1.0 m、1.97 m，前者是后者的 50.76%。说明三维锚索支护技术效果好。

（2）综放沿空巷道在工作面回采期间，巷道围岩变形以两帮变形为主，两帮移近量一般是顶、底板相对移近量的 2.5～3.0 倍。

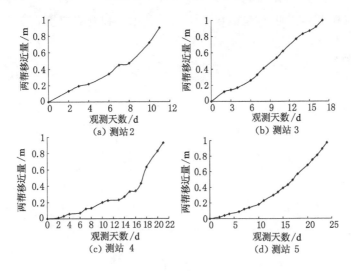

图 7-5 回采期间巷道两帮移近量变化曲线

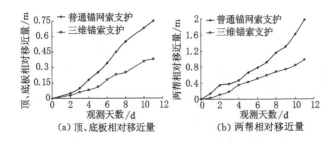

图 7-6 回采期间,两种支护方式下巷道围岩移近量变化曲线

(3) 顶板下沉量和下沉速度较小,而两帮变形量和变形速度较大。两种支护方式相比,三维锚索支护技术控制巷道围岩变形效果较显著,这一结果与物理模拟、数值计算结果基本一致。

7.5 本章小结

(1) 新型三维锚索支护技术是一种能对巷道围岩主动施加压应力且在围岩内部形成三向受压的"网壳"结构的主动支护技术。一方面预应力三维锚索可在巷道围岩表面主动形成和增大径向、切向、轴向 3 个方向的反向预应力,形成一个三维支护体系,提高围岩承载能力并保持自身的稳定性;另一方面预应力三维锚索与锚杆共同作用,可以减小甚至抵消巷道围岩中产生的拉应力,使围岩提早达到一个动态的应力平衡状态。

（2）工程实践表明，新型三维锚索支护技术在控制巷道围岩变形方面具有较好的整体性和均匀性优势，能很好地控制高应力区动压沿空巷道的围岩变形，是一种有效的支护方式。

8 结论与展望

8.1 主要结论

(1) 通过试验研究了煤岩的物理力学性质和煤样钻孔卸压效果。岩石试样在单轴压缩条件下表现为脆性张裂破坏,随着围压的增大,岩石逐渐进入剪切破坏阶段,破坏时伴随有较大的声响和震动。试件破坏后,岩石的承载能力没有完全丧失,还具有一定的承载能力,强度减弱到残余强度,而且残余强度随围压增大而增大。试样的钻孔卸压效果受 α 角和残余强度影响,且两者对钻孔卸压的影响效果相反。随着软化系数 f 即 α 的增大,应力峰值将由钻孔中心向外部移动,卸压范围亦迅速增加;随着残余强度的降低,煤样内的弹性能得到了较好的释放,卸压范围也会相应地增加。

(2) 综合运用弹塑性理论和壳体理论等知识,建立了新型三维锚索支护巷道的力学分析模型,并通过多种数学变换和简化得到了加劲开口圆柱壳内力与位移分量的计算表达式。

(3) 建立了沿空巷道三维锚索支护数值计算模型,分别对 3.5 m×3.2 m、4.0 m×3.2 m、4.5 m×3.2 m、5.0 m×3.2 m、5.5 m×3.2 m 共 5 种断面尺寸沿空巷道在掘进和工作面回采过程中围岩的应力分布特征进行了研究,得到了不同断面巷道在三维、普通支护下的围岩应力分布规律及考虑不同预应力锚索作用、不同卸压孔布置条件下巷道围岩应力分布特征。三维支护下巷道实体煤帮的应力值小于普通支护下的应力值,而小煤柱中的垂直应力值则大于普通支护下的应力值;三维支护下小煤柱中垂直应力峰值位置距离巷道左帮 2 m 左右,实体煤中最大垂直应力位置在巷道右侧 3~4 m;三维锚索在高预紧力条件下会在巷道围岩内形成一定范围的压应力区,锚索在巷道围岩中产生的附加应力场的范围和强度均增大,使巷道较大范围内的围岩处于受压状态,提高了巷道的承载能力。

巷道实体煤中的卸压孔可使高应力区向深部转移,移动距离约为 6~10 m;卸压孔单排布置和三花布置情况下最大应力与无卸压孔情况下相比有所增大;卸压孔在五花布置情况下,最大水平应力比无卸压孔情况下降低了 27.8%,最大垂直应力比无卸压孔情况下降低了 5.7%。由于有卸压孔时高应力区向深部转移,采空区小煤柱应力降低,五花卸压孔布置情况下这种现象最为明显,与无卸压孔情况下相比,水平应力降低了60.5%,垂直应力降低了11.8%。

比较分析了采深分别为200 m、300 m、400 m、600 m、800 m时综采工作面回采过程中沿空巷道围岩应力分布规律。结果表明,随采深增大巷道围岩的水平、垂直应力都呈明显增大趋势,说明三维支护在不同采深条件下都起到了增大小煤柱的整体抗压强度作用,并且随采深的增大,小煤柱承载应力也逐渐增大。

(4) 三维支护和普通支护下巷道围岩变形量都随巷道断面尺寸的增大而增大。在采空区顶板接地前5种断面尺寸巷道的围岩变形量相差不大,在采空区接地后5种方案下的围岩变形量差别相对明显。5种巷道断面尺寸情况下三维支护下的巷道水平变形量相比普通支护下的减小幅度都在60.0%左右,垂直变形量相比普通支护下的减小幅度在50.0%以上。

在实体煤中打卸压孔,使得高应力向煤层深部转移,能有效控制巷道围岩变形。单排卸压孔布置情况下与无卸压孔情况下相比,巷道左帮水平位移减小了19.3%,顶、底板垂直位移分别减小了15.3%、26.9%;五花卸压孔布置情况下与无卸压孔情况下相比,巷道左帮水平位移减小了43.8%,顶、底板垂直位移分别减小了24.7%、28.8%。

比较分析了采深分别为200 m、300 m、400 m、600 m、800 m时综采工作面回采过程中沿空巷道围岩变形规律。结果表明,随采深增大巷道顶、底板移近量和两帮移近量都呈明显增大趋势。

(5) 通过沿空巷道三维锚索支护的相似模拟试验分析了三维锚索支护下沿空巷道围岩的运移特征。相似试验结果表明,三维锚索支护沿空巷道顶板变形量随垂直载荷的增加而增大,当垂直载荷达到一定数值后,巷道变形基本稳定,随着垂直载荷的增大,顶板下沉量增大的趋势并不明显。巷道两帮最大移近量为13.27 mm,对应原型中两帮移近量为398.16 mm;顶、底板最大移近量达10.62 mm,对应原型中顶、底板移近量为318.60 mm。两帮变形量大于顶、底板移近量。

(6) 新型三维锚索支护技术是一种能对巷道围岩主动施加压应力且在围岩内部形成三向受压的"网壳"结构的主动支护技术。一方面预应力三维锚索可在巷道煤岩表面主动形成和增大径向、切向、轴向3个方向的反向预应力,形成一个三维支护体系,提高围岩承载能力并保持自身的稳定性;另一方面预应力三维锚索与锚杆共同作用,可以减小甚至抵消巷道围岩中产生的拉应力,使围岩提早达到一个动态的应力平衡状态。工程实践表明,新型三维锚索支护技术在控制巷道围岩变形方面具有较好的整体性和均匀性优势,能很好地控制高应力区动压沿空巷道的围岩变形,是一种有效的支护方式。

8.2 展 望

随着我国矿井采深的进一步增大,沿空掘巷技术已成为多个矿区提高资源回收率、延长矿井服务年限的有效途径之一。由于高应力区沿空掘巷巷道围岩变形控制难度较大,现有的支护技术严重制约了该技术的发展,高应力区沿空掘巷支护技术亟须关键性的突破。本书通过大量系统的研究工作,提出了沿空巷道新型三维锚索支护技术,对具体条件下的三维锚索支护沿空巷道围岩应力分布规律及运移特征进行一些探讨,取得了一些有意义的认识。但仍然存在不少问题和不足之处,尚待更深入研究和探讨。

(1)进一步完善三维锚索支护技术,将现有锚索钢绞线股数改为更多股数,为实现沿顶板多个方向均匀受力创造条件;

(2)对沿空巷道三维支护技术的相关理论进行更加深入的研究,为该技术的推广应用提供基础理论支撑。

参 考 文 献

[1] 全国人民代表大会常务委员会. 中华人民共和国国民经济和社会发展"九五"计划和 2010 年远景目标纲要[R]. 1996.

[2] 范维唐. 煤炭在能源中处于什么地位[J]. 中国煤炭, 2001, 27(8): 5-7.

[3] 刘听成. 无煤柱护巷的应用与进展[J]. 矿山压力与顶板管理, 1994, 11(4): 2-10.

[4] 孙恒虎, 赵炳利. 沿空留巷的理论与实践[M]. 北京: 煤炭工业出版社, 1993.

[5] 陆士良. 无煤柱护巷的矿压显现[M]. 北京: 煤炭工业出版社, 1982.

[6] 高明中. 综放面沿空掘巷的矿压显现分析[J]. 东北煤炭技术, 1998(2): 31-34.

[7] 李晋平. 综放沿空留巷技术及其在潞安矿区的应用[D]. 北京: 煤炭科学研究总院, 2005.

[8] YAVUZ H, FOWELL R J. A physical and numerical modelling investigation of the roadway stability in longwall mining, with and without narrow pillar protection[J]. Mining technology, 2004, 113(1): 59-72.

[9] 管学茂, 鲁雷, 翟路锁, 等. 综放面沿空掘巷矿压显现规律研究[J]. 矿山压力与顶板管理, 2000, 17(1): 30-31.

[10] 石平五, 许少东, 陈治中. 综放沿空掘巷矿压显现规律研究[J]. 矿山压力与顶板管理, 2004, 21(1): 32-33.

[11] 王有俊, 赵庆彪. 大采高综采沿空掘巷矿压显现及应用效果[J]. 煤炭科学技术, 1994, 22(3): 7-10.

[12] 谢广祥, 曹伍富, 华心祝, 等. 综放沿空掘巷矿压显现规律及支护参数优化[J]. 煤炭科学技术, 2002, 30(12): 10-13.

[13] 柏建彪, 王卫军, 侯朝炯, 等. 综放沿空掘巷围岩控制机理及支护技术研究[J]. 煤炭学报, 2000, 25(5): 478-481.

[14] SIDDAL R G, GALE W J. Strata control—a new science for an old problem[J]. International journal of rock mechanics and mining sciences & geomechanics abstracts, 1992, 29(6): 375.

[15] WILLIAMS B C. Packing technology[J]. Mining engineer, 1988(3): 12-17.

[16] WILLIMS P. The development of rock bolting in UK coal mines[J]. Mining engineer, 1994, 153(392):307-312.

[17] 侯朝炯,勾攀峰. 巷道锚杆支护围岩强度强化机理研究[J]. 岩石力学与工程学报,2000,19(3):342-345.

[18] HOU C J, MA N J. The integral sinking of surrounding rocks of actual mining roadway and its mechanics analysis[C]//The 2nd international symposium on mining technology and science. Xuzhou:China University of Mining and Technology Press,1991:98-103.

[19] 张东升,马立强,冯光明,等. 综放巷内充填原位沿空留巷技术[J]. 岩石力学与工程学报,2005,24(7):1164-1168.

[20] 侯朝炯,郭励生,勾攀峰. 煤巷锚杆支护[M]. 徐州:中国矿业大学出版社,1999.

[21] HUA X Z. Study on gob-side entry retaining technique with roadside packing in longwall top-coal caving technology[J]. Journal of coal science & engineering(China),2004,10(1):9-12.

[22] 张东升,马立强,缪协兴,等. 综放沿空留巷围岩变形影响因素的分析[J]. 中国矿业大学学报,2006,35(1):1-6.

[23] 柏建彪. 沿空掘巷围岩控制[M]. 徐州:中国矿业大学出版社,2006.

[24] 刘毅. 德国煤矿沿空留巷技术简介[J]. 山西焦煤科技,2006,30(10):44-46.

[25] 陈炎光,钱鸣高. 中国煤矿采场围岩控制[M]. 徐州:中国矿业大学出版社,1994.

[26] 钱鸣高,何富连,缪协兴. 采场围岩控制的回顾与发展[J]. 煤炭科学技术,1996,24(1):1-3.

[27] 钱鸣高. 20年来采场围岩控制理论与实践的回顾[J]. 中国矿业大学学报,2000,29(1):1-4.

[28] HOEK E,BROWN E T. Underground excavation in rock[M]. London:Institution of Mining and Metallurgy,1980.

[29] 蒋金泉. 采场围岩应力与运动[M]. 北京:煤炭工业出版社,1993.

[30] 马占国,黄伟,郭广礼,等. 覆岩失稳破坏的时变边界力学分析[J]. 辽宁工程技术大学学报,2006,25(4):515-517.

[31] KAUSHIK A,VENKATESWARLU V,GUPTA R N. Strata behaviour studies during development under high horizontal stress conditions—a case study[J]. Journal of mines, metals and fuels, 2003, 51 (7/8):

251-254.

[32] 茅献彪,缪协兴,钱鸣高.采动覆岩中关键层的破断规律研究[J].中国矿业大学学报,1998,27(1):39-42.

[33] 浦海,缪协兴.综放采场覆岩冒落与围岩支承压力动态分布规律的数值模拟[J].岩石力学与工程学报,2004,23(7):1122-1126.

[34] SINGH G S P,SINGH U K. Numerical modelling study of strata and support behaviour in thick seam longwall workings[J]. Mining technology,2008,117(4):191-201.

[35] SINGH G S P,SINGH U K. Numerical modeling study of the effect of horizontal stress on caving behaviour of strata and support performance at a longwall face [J]. Journal of mines, metals and fuels,2006,54(12):449-453.

[36] 杨双锁,靳钟铭.采场顶板稳定性定量分析及分类研究[J].山西矿业学院学报,1997(1):27-31.

[37] 谢文兵,王世彬,冯光明.放顶煤开采沿空留巷围岩移动规律及变形特征[J].中国矿业大学学报,2004,33(5):23-26.

[38] 翟新献.放顶煤工作面顶板岩层移动相似模拟研究[J].岩石力学与工程学报,2002,21(11):1667-1671.

[39] KUMAR D, DAS S K. An experimental study of the parameters influencing ultimate bearing strength of weak floor strata using physical modeling[J]. Geotechnical & geological engineering,2005,23(1):1-15.

[40] 钱鸣高,缪协兴,何富连.采场"砌体梁"结构的关键块分析[J].煤炭学报,1994,19(6):557-563.

[41] 姜福兴,张兴民,杨淑华,等.长壁采场覆岩空间结构探讨[J].岩石力学与工程学报,2006,25(5):979-984.

[42] 侯朝炯,李学华.综放沿空掘巷围岩大、小结构的稳定性原理[J].煤炭学报,2001,26(1):1-7.

[43] 柏建彪.综放沿空掘巷围岩稳定性原理及控制技术研究[D].徐州:中国矿业大学,2002.

[44] 李学华,姚强岭,丁效雷.窄煤柱沿空掘巷围岩稳定原理与技术[J].煤矿支护,2008(2):1-9.

[45] HAYS A W,ALTOUNYAN P F R. Strata control—the state of the art [J]. Mining technology,1993,14(3):354-358.

[46] 周林生.深井综放开采沿空巷道变形破坏特征与围岩控制技术研究[D].青

岛:山东科技大学,2006.

[47] 高峰,钱鸣高,缪协兴.老顶给定变形下直接顶受力变形分析[J].岩石力学与工程学报,2000,19(2):145-148.

[48] 张东升,茅献彪,马文顶.综放沿空留巷围岩变形特征的试验研究[J].岩石力学与工程学报,2002,21(3):331-334.

[49] 惠功领,牛双建,靖洪文,等.动压沿空巷道围岩变形演化规律的物理模拟[J].采矿与安全工程学报,2010,27(1):77-81.

[50] 谢广祥,杨科,常聚才.综放回采巷道围岩力学特征实测研究[J].中国矿业大学学报,2006,35(1):94-98.

[51] 蒋金泉,秦广鹏,刘传孝.综放沿空巷道围岩系统混沌动力学特征研究[J].岩石力学与工程学报,2006,25(9):1755-1764.

[52] 李化敏.沿空留巷顶板岩层控制设计[J].岩石力学与工程学报,2000,19(5):651-654.

[53] 陆士良,郭育光.护巷煤柱宽度与巷道围岩变形的关系[J].中国矿业大学学报,1991,20(4):1-7.

[54] 李洪,耿献文,朱学军.区段煤柱宽度的实测确定[J].矿山压力与顶板管理,2005,22(1):31-32.

[55] 谢文兵.综放沿空留巷围岩稳定性影响分析[J].岩石力学与工程学报,2004,23(18):3059-3065.

[56] 梁兴旺,王连国,何兴华,等.沿空掘巷窄煤柱合理宽度的确定[J].矿业研究与开发,2007,27(2):29-31.

[57] GONZÁLEZ-NICIEZA C,ÁLVAREZ-FERNÁNDEZ M I,MENÉNDEZ-DÍAZ A,et al. A comparative analysis of pillar design methods and its application to marble mines[J]. Rock mechanics and rock engineering,2006,39(5):421-444.

[58] MEDHURST T P,BROWN E T. A study of the mechanical behaviour of coal for pillar design[J]. International journal of rock mechanics and mining sciences,1998,35(8):1087-1105.

[59] 杨永杰,姜福兴,宁建国,等.综放锚网支护沿空顺槽合理小煤柱尺寸确定方法[J].中国地质灾害与防治学报,2001,12(4):81-84.

[60] WILSON A N. An hypothesis concerning pillar stability[J]. The mining engineer,1972(6):85-90.

[61] 徐金海,缪协兴,张晓春.煤柱稳定性的时间相关性分析[J].煤炭学报,2005,30(4):433-437.

［62］郭文兵,邓喀中,邹友峰.条带煤柱的突变破坏失稳理论研究［J］.中国矿业大学学报,2005,34(1):80-84.

［63］柏建彪,侯朝炯,黄汉富.沿空掘巷窄煤柱稳定性数值模拟研究［J］.岩石力学与工程学报,2004,23(20):3475-3479.

［64］CAUVIN M,VERDEL T,SALMON R. Modeling uncertainties in mining pillar stability analysis［J］. Risk analysis,2009,29(10):1371-1380.

［65］WHITTAKER B N,SINGH R N. Design and stability of pillar in longwall mining［J］. International journal of rock mechanics and mining sciences & geomechanics abstracts,1979,139(214):59-73.

［66］SMART B G D,DAVIES D O,ISAACSON A K. Conclusions from strata mechanics investigations conducted by Cardiff and Strathclyde Universities at longwall faces［J］. International journal of rock mechanics and mining sciences & geomechanics abstracts,1982,19(6):135.

［67］WHITTAKER B N,WOODRON G J M. Design loads for gateside packs and support systems［J］. International journal of rock mechanics and mining sciences & geomechanics abstracts,1977,14(4):65.

［68］WILSON A H. Pillar stability in longwall mining in:state-of-the-art of ground control in longwall mining and mining subsidence［M］. New York:AIME,1982.

［69］WILSON A H,ASHWIM D P. Research into the determination of pillar size［J］. Wear,1972,141:409-430.

［70］ROCKAWAY D J,STEPHENSON R. Investigation into the effects of weak floor conditions on the stability of coal pillars［R］.［S. l. ］:［s. n. ］,1979.

［71］白矛,刘天泉.条带法开采中条带尺寸的研究［J］.煤炭学报,1983,8(4):19-26.

［72］PIETRUSZCZAK S,MROZ Z. Numerical analysis of elastic-plastic compression of Pillars accounting for material hardening and softening［J］. International journal of rock mechanics and mining sciences & geomechanics abstracts,1980,17(4):199-207.

［73］LISITSYN A I. Ratio of cube strength to axial compressive strength of rocks［J］. Soviet mining,1978,14(5):523-525.

［74］PARISEAU W G,EITANI I M. Comparisons between finite element calculations and field measurements of room closure and pillar stress during retreat mining［J］. International journal of rock mechanics and mining sciences & geomechanics abstracts,1981,18(4):305-319.

[75] JAISWAL A,SHRIVASTVA B K. Numerical simulation of coal pillar strength[J]. International journal of rock mechanics and mining sciences,2009,46(4):779-788.

[76] POULSEN B A. Coal pillar load calculation by pressure arch theory and near field extraction ratio[J]. International journal of rock mechanics and mining sciences,2010,47(7):1158-1165.

[77] VAN DER MERWE J N. Predicting coal pillar life in South Africa[J]. Journal of the Southern African institute of mining and metallurgy,2003,103(5):293-301.

[78] VAN DER MERWE J N. New pillar strength formula for South African coal[J]. Journal of the Southern African institute of mining and metallurgy,2003,103(5):281-292.

[79] TAWADROUS A S,KATSABANIS P D. Prediction of surface crown pillar stability using artificial neural networks[J]. International journal for numerical and analytical methods in geomechanics,2007,31(7):917-931.

[80] SALAMON M D G. A study of the strength of coal pillars[J]. Journal of the Southern African institute of mining and metallurgy,1967,6(8):55-67.

[81] 侯朝炯,马念杰.煤层巷道两帮煤体应力和极限平衡区的探讨[J].煤炭学报,1989,14(4):21-29.

[82] 吴立新,王金庄,刘延安,等.建(构)筑物下压煤条带开采理论与实践[M].徐州:中国矿业大学出版社,1994.

[83] 吴立新,王金庄,郭增长.煤柱设计与监测基础[M].徐州:中国矿业大学出版社,2000.

[84] 李东升,李德海,宋常胜.条带煤柱设计中极限平衡理论的修正应用[J].辽宁工程技术大学学报,2003,22(1):7-9.

[85] 李德海,赵忠明,李东升.条带煤柱强度弹塑性理论公式的修正[J].矿冶工程,2004,24(3):16-17.

[86] 索永录,姬红英,辛亚军,等.条带开采煤柱合理宽度的确定方法[J].西安科技大学学报,2010,30(2):132-135.

[87] 常聚才,谢广祥,杨科.综放沿空巷道小煤柱合理宽度的确定[J].矿业研究与开发,2008,28(2):14-17.

［88］李顺才,柏建彪,董正筑.综放沿空掘巷窄煤柱受力变形与应力分析［J］.矿山压力与顶板管理,2004,21(3):17-19.

［89］陈欣,周维垣,黄岩松,等.损伤模型在界面元方法中的应用［J］.水利学报,2005,36(2):179-184.

［90］陈星,王乐华,刘君健,等.基于 Mohr-Coulomb 准则点安全系数的隧道围岩稳定分析［J］.水电能源科学,2010,28(4):100-102.

［91］胡小荣,唐春安.岩土力学参数随机场的离散研究［J］.岩土工程学报,1999,21(4):450-455.

［92］陈炎光,陆士良.中国煤矿巷道围岩控制［M］.徐州:中国矿业大学出版社,1994.

［93］GALVIN J M,HEBBLEWHITE B K. Australian coal pillar performance［R］. Sydney:University of New South Wales,1996.

［94］邢台矿务局.澳大利亚 SCT 公司在东庞煤矿煤巷锚杆支护技术演示总结［R］.出版地不详:出版者不详,1997.

［95］顾士亮.软岩动压巷道围岩稳定性原理及控制技术研究［J］.能源技术与管理,2004,29(4):15-17.

［96］王卫军,侯朝炯,李学华.老顶给定变形下综放沿空掘巷合理定位分析［J］.湘潭矿业学院学报,2001,16(2):1-4.

［97］谭云亮,姜福兴,刘传孝,等.受采动影响巷道两帮破坏范围探测研究［J］.煤炭科学技术,1999,27(3):43-45.

［98］刘增辉,康天合.综放煤巷合理煤柱尺寸的物理模拟研究［J］.矿山压力与顶板管理,2005,22(1):24-26.

［99］刘增辉,高谦,华心祝,等.沿空掘巷围岩控制的时效特征［J］.采矿与安全工程学报,2009,26(4):465-469.

［100］张玉祥.IDSS 和 ANN 选择护巷煤柱宽度的研究［D］.徐州:中国矿业大学,1996.

［101］柏建彪,侯朝炯,黄汉富.沿空掘巷窄煤柱稳定性数值模拟研究［J］.岩石力学与工程学报,2004,23(20):3475-3479.

［102］张玉国,边亚东,祝彦知.松软厚煤层综放沿空巷道支护技术数值研究及应用［J］.中原工学院学报,2007,18(4):44-48.

［103］崔希民,缪协兴.条带煤柱中的应力分析与沉陷曲线形态研究［J］.中国矿业大学学报,2000,29(4):392-395.

［104］朱川曲,王卫军,施式亮.综放沿空掘巷围岩稳定性分类模型及应用［J］.中国工程科学,2006,8(3):35-38.

[105] 高玮. 倾斜煤柱稳定性的弹塑性分析[J]. 力学与实践,2001,23(2): 23-26.

[106] 陈忠辉,谢和平. 综放采场支承压力分布的损伤力学分析[J]. 岩石力学与 工程学报,2000,19(4):436-439.

[107] 张嘉凡,石平五. 浅埋煤层长壁留煤柱开采方法的有限元分析[J]. 岩石力 学与工程学报,2004,23(15):2539-2542.

[108] GALE W J,BLACKWOOD R L. Stress distributions and rock failure around coal mine roadways[J]. International journal of rock mechanics and mining sciences & geomechanics abstracts,1987,24(3):165-173.

[109] MAJUMDER S,CHAKRABARTY S. The vertical stress distribution in a coal side of a roadway—an elastic foundation approach[J]. Mining science and technology,1991,12(3):233-240.

[110] 郑颖人,董飞云. 地下工程锚喷支护设计指南[M]. 北京:中国铁道出版 社,1988.

[111] KASTNER H. Statik des tunnel-und stollenbaues:auf der grundlage geomechanischer erkenntnisse[M]. Berlin,Heidelberg:Springer Berlin Heidelberg,1962.

[112] KASTNER H. Osterreich bauzeitischrift[J]. Wear,1947,10(11):1-6.

[113] SOUZA D E. A dynamic support system for yielding ground[J]. CIM bulletin,1999,92(1032):50-55.

[114] KUSHWAHA A,SINGH S K,TEWARI S,et al. Empirical approach for designing of support system in mechanized coal pillar mining[J]. International journal of rock mechanics and mining sciences,2010,47 (7):1063-1078.

[115] HALISON N J. Design of the roof bolting system[J]. Colliery guardian, 1987,9:366-372.

[116] FRANCLSS F O. Weak rock tunneling[M]. Rotterdam:A. A. Balkema Press,1997.

[117] FULLER P G. Flexibolt flexible roof bolts:a new concept for strata control[C]//The 12th conference on ground control in mining. [S. l.]: [s. n.],1993:24-34.

[118] 祁瑞芳. 新奥法与我国地下工程[J]. 哈尔滨建筑工程学院学报,1987(2): 119-126.

[119] 樱井春辅. 岩石力学理论要更好地应用于工程实践[J]. 岩石力学与工程

学报,1997,16(2):193-194.

[120] SALAMON M D G. Rock mechanics of underground excavations[C]//Process of the 3rd Congress of the Internation Soc. for rock mechanics. [S. l.]:[s. n.],1974.

[121] 于新锋,陈勇,柏建彪.动压沿空掘巷综合支护技术的探讨[J].能源技术与管理,2006,31(1):11-13.

[122] 刘金辉,赵之合,牟国礼.综放工作面采动剧烈动压下沿空巷道支护技术研究与应用[J].矿冶工程,2010,30(2):14-17.

[123] 刘清涛,孟凡武.深部综放工作面小煤柱沿空巷道支护技术[J].煤炭科学技术,2009,37(7):28-30.

[124] 张玉国,谢康和,何富连,等.软煤层综放沿空巷道支护技术研究及其应用[J].中国矿业,2004,13(2):61-65.

[125] 谢文兵,笪建原,冯光明.综放沿空留巷围岩控制机理[J].中南大学学报(自然科学版),2004,35(4):657-661.

[126] 谢文兵.综放沿空留巷围岩稳定性影响分析[J].岩石力学与工程学报,2004,23(18):3059-3065.

[127] 毛久海.综放沿空巷道围岩控制及其支护技术研究[D].西安:西安科技大学,2008.

[128] 柏建彪,王卫军,侯朝炯,等.综放沿空掘巷围岩控制机理及支护技术研究[J].煤炭学报,2000,25(5):478-481.

[129] 李伟,冯增强.南屯煤矿深部沿空巷道耦合支护技术[J].辽宁工程技术大学学报(自然科学版),2008,27(5):683-685.

[130] 华心祝,马俊枫,许庭教.锚杆支护巷道巷旁锚索加强支护沿空留巷围岩控制机理研究及应用[J].岩石力学与工程学报,2005,24(12):2107-2112.

[131] 柏建彪,周华强,侯朝炯,等.沿空留巷巷旁支护技术的发展[J].中国矿业大学学报,2004,33(2):183-186.

[132] 任润厚.综放沿空掘巷锚杆支护技术[J].煤矿机械,2001,22(2):27-28.

[133] 冯京波.松散厚煤层全煤巷沿空掘巷锚索支护技术[J].煤炭科学技术,2008,36(2):23-26.

[134] 康红普,林健,吴拥政.全断面高预应力强力锚索支护技术及其在动压巷道中的应用[J].煤炭学报,2009,34(9):1153-1159.

[135] 张农,高明仕.煤巷高强预应力锚杆支护技术与应用[J].中国矿业大学学报,2004,33(5):524-527.

[136] 庞继禄,袁秋新,王涛,等.深井窄煤柱巷道锚杆支护技术[J].矿山压力与顶板管理,1998,15(4):17-19.

[137] 王进义,牛宏伟,王志忠.综放沿空留窄煤柱掘巷锚杆支护研究[J].煤,2002,11(3):10-11.

[138] 靖洪文,许国安,曲天智,等.深井综放沿空掘巷合理支护形式研究[J].山东大学学报(工学版),2009,39(4):87-91.

[139] 于学馥,于加,徐骏.岩石力学新概念与开挖结构优化设计[M].北京:科学出版社,1995.

[140] 于学馥,乔端.轴变论和围岩稳定轴比三规律[J].有色金属,1981(3):8-15.

[141] 朱效嘉.锚杆支护理论进展[J].光爆锚喷,1996(3):1-4.

[142] 董方庭.巷道围岩松动圈支护理论及其应用技术[M].北京:煤炭工业出版社,2001.

[143] 董方庭,宋宏伟,郭志宏,等.巷道围岩松动圈支护理论[J].煤炭学报,1994,19(1):21-32.

[144] HE M C. Current condition for mechanics of softrock in China[M]. [S. l.]: The Korean Institute of Mining Energy Press, 1996:425-433.

[145] 康红普.巷道围岩的关键圈理论[J].力学与实践,1997,19(1):34-36.

[146] 康红普.巷道围岩的承载圈分析[J].岩土力学,1996,17(4):84-89.

[147] 康红普.高强度锚杆支护技术的发展与应用[J].煤炭科学技术,2000,28(2):1-4.

[148] POITSALO S. The strengthening efficiency of different bolt types[C]// International symposium on rock bolting theory and application in mining and underground construct. Sweden:[s. n.],1983.

[149] SPANG K,EGGER P. Action of fully-grouted bolts in jointed rock and factors of influence[J]. Rock mechanics and rock engineering,1990,23(3):201-229.

[150] AFROUZ A. Methods to reduce floor heave and sides closure along the arched gate roads[J]. Mining science and technology,1990,10(3):253-263.

[151] 康红普.煤巷锚杆支护成套技术研究与实践[J].岩石力学与工程学报,2005,24(21):3959-3964.

[152] 胡学军,范世民.煤巷锚杆支护成套技术在潞安矿区的应用[J].煤炭科学技术,2003,31(6):33-35.

［153］杨峰，王连国，贺安民，等.复合顶板的破坏机理与锚杆支护技术［J］.采矿与安全工程学报，2008，25(3)：286-289.

［154］樊永东.高地应力下大断面煤巷全锚索支护［J］.煤炭技术，2005，24(9)：69-70.

［155］LIU B，YUE Z Q，THAM L G. Analytical design method for a truss-bolt system for reinforcement of fractured coal mine roofs-illustrated with a case study［J］. International journal of rock mechanics and mining sciences，2004，42(2)：195-218.

［156］LI C C. Discussion of the paper "The interaction between yielding supports and squeezing ground" by L. Cantieni and G. Anagnostou［J］. Tunnelling and underground space technology，2009，24(6)：309-322.

［157］TAYLOR C D，THIMONS E D，ZIMMER J A. Comparison of methane concentrations at a simulated coal mine face during bolting［J］. Journal of the mine ventilation society of South Africa，1999，52(2)：48-52.

［158］STANKUS J C，PENG S S. Floor bolting for control of mine floor heave ［J］. Mining engineering，1994，46(9)：1099-1102.

［159］GRADY P O，FULLER P，DIGHT R. Cable bolting in Australian coal mines current practice and design considerations［J］. Minging engineer，1994，46(6)：396-404.

［160］LUO J，HAYCOCKS C，KAIMIS M，et al. Overview of US rock bolting ［J］. Coal international mining and quarry world，2001，249(1)：30-33.

［161］MATTHEWS S M. Horizontal stress control in underground coal mines ［C］//The 11th international conference on ground control in mining. ［S. l.］：［s. n.］，1992.

［162］杨新安，陆士良.中国煤矿的锚杆支护［J］.中国煤炭，1995，21(3)：5-8.

［163］侯朝炯，郭宏亮.我国煤巷锚杆支护技术的发展方向［J］.煤炭学报，1996，21(2)：113-118.

［164］薛顺勋，宋广太，库明欣.煤巷锚杆支护施工指南［M］.北京：煤炭工业出版社，1999.

［165］何满潮，袁和生，靖洪文，等.中国煤矿锚杆支护理论与实践［M］.北京：科学出版社，2004.

［166］康红普，王金华，等.煤巷锚杆支护理论与成套技术［M］.北京：煤炭工业出版社，2007.

［167］华心祝.我国沿空留巷支护技术发展现状及改进建议［J］.煤炭科学技术，

2006,34(12):78-81.

[168] 宋振骐,蒋金泉.煤矿岩层控制的研究重点与方向[J].岩石力学与工程学报,1996,15(2):128-134.

[169] 朱刘娟,栗红喜,陈俊杰.煤矿深部开采存在的问题及对策探讨[J].煤炭技术,2007,26(6):146-147.

[170] 宁宇.我国综放开采技术进步的回顾及有待解决的技术难题[C]//中国煤炭学会岩石力学与支护专业委员会.中国煤炭工业可持续发展的新型工业化之路:高效、安全、洁净、结构优化.北京:煤炭工业出版社,2004.

[171] 杨双锁,康立勋.煤矿巷道锚杆支护研究的总结与展望[J].太原理工大学学报,2002,33(4):376-381.

[172] 康红普.回采巷道锚杆支护技术的现状与发展趋势[C]//杨晓东,夏可风.地基基础工程与锚固注浆技术:2009年地基基础工程与锚固注浆技术研讨会论文集.北京:中国水利水电出版社,2009.

[173] 王金华.我国煤巷锚杆支护技术的新发展[J].煤炭学报,2007,32(2):113-118.

[174] 陈强威.沿空巷道卸压槽试用效果初探[J].采矿技术,2010,10(1):43.

[175] 何富连,陈建余,邹喜正,等.综放沿空巷道围岩卸压控制研究[J].煤炭学报,2000,25(6):589-592.

[176] 林柏泉,周世宁.煤巷卸压槽及其防突作用机理的初步研究[J].岩土工程学报,1995,17(3):32-38.

[177] 韩立军,蒋斌松,贺永年.构造复杂区域巷道控顶卸压原理与支护技术实践[J].岩石力学与工程学报,2005,24(增刊2):5499-5504.

[178] 刘红岗,徐金海.煤巷钻孔卸压机理的数值模拟与应用[J].煤炭科技,2003(4):37-38.

[179] 蔡书鹏.煤层钻孔卸压范围的确定和钻粉量解析表达式的探讨[J].煤炭工程师,1987,14(6):24-29.

[180] 肖亚宁,马占国,马继刚,等.高应力区动压沿空巷道围岩控制技术与实践[J].中国煤炭,2010,36(12):40-43.

[181] 兰天,马占国,潘银光,等.动压煤巷三维支护围岩稳定性分析[J].煤炭科技,2009(3):32-35.

[182] 黄义,何芳社.弹性地基上的梁、板、壳[M].北京:科学出版社,2005.

[183] 黄克智,等.板壳理论[M].北京:清华大学出版社,1987.

[184] 刘波,韩彦辉.FLAC原理、实例与应用指南[M].北京:人民交通出版社,2005.

［185］ 彭文斌.FLAC 3D 实用教程［M］.北京:机械工业出版社,2008.

［186］ MALAN D F. Manuel rocha medal recipient simulating the time-dependent behaviour of excavations in hard rock［J］. Rock mechanics and rock engineering,2002,35(4):225-254.

［187］ COULTHARD M A. Applications of numerical modelling in underground mining and construction［J］. Geotechnical & geological engineering, 1999, 17(3/4):373-385.

［188］ HOEK E,BROWN E T. Practical estimates of rock mass strength［J］. International journal of rock mechanics and mining sciences, 1997, 34 (8):1165-1186.

［189］ 王连国,张志康,张金耀,等.高应力复杂煤层沿空巷道锚注支护数值模拟研究［J］.采矿与安全工程学报,2009,26(2):145-149.

［190］ 马元.深部巷道围岩变形破坏及支护平衡演化机理研究与应用［D］.徐州:中国矿业大学,2007.

［191］ 汪小东.沿空动压巷道围岩变形破坏演化与稳定控制［D］.徐州:中国矿业大学,2008.

［192］ 康红普,姜铁明,高富强.预应力在锚杆支护中的作用［J］.煤炭学报,2007,32(7):680-685.

［193］ 范明建,康红普.锚杆预应力与巷道支护效果的关系研究［J］.煤矿开采,2007,12(4):1-3.

［194］ 张农,高明仕.煤巷高强预应力锚杆支护技术与应用［J］.中国矿业大学学报,2004,33(5):524-527.

［195］ 康红普,吴拥政,李建波.锚杆支护组合构件的力学性能与支护效果分析［J］.煤炭学报,2010,35(7):1057-1065.

［196］ 王庆弟,靖洪文,王猛.综放沿空煤巷不同预应力锚杆锚索支护效果分析［J］.煤炭科学技术,2009,37(9):8-10.

［197］ 康红普,林健,张冰川.小孔径预应力锚索加固困难巷道的研究与实践［J］.岩石力学与工程学报,2003,22(3):387-390.

［198］ 王金华,康红普,高富强.锚索支护传力机制与应力分布的数值模拟［J］.煤炭学报,2008,33(1):1-6.

［199］ 李鸿昌.矿山压力的相似模拟试验［M］.徐州:中国矿业大学出版社,1988.

［200］ 顾大钊.相似材料和相似模型［M］.徐州:中国矿业大学出版社,1995.

［201］ 仵锋锋,曹平,万琳辉.相似理论及其在模拟试验中的应用［J］.采矿技术,

2007,7(4):64-65.

[202] 韩伯鲤,陈霞龄,宋一乐,等.岩体相似材料的研究[J].武汉水利电力大学学报,1997,30(2):6-9.

[203] 马念杰,侯朝炯.采准巷道矿压理论及应用[M].北京:煤炭工业出版社,1995.

[204] 康红普,林健,张晓,等.潞安矿区井下地应力测量及分布规律研究[J].岩土力学,2010,31(3):827-831.